大是文化

賺錢公司的採購學

產品要想賣得好，先得買得好。

懂採購，獲利比銷售賺更多，
下一個高階主管就是你。

資深採購經理人、暢銷書作家
肖瀟 著

目錄

第2章

目錄

第4章 採購談判與價格控制

目錄

第6章

產品質要好，得從原料的採購開始管理

72

第7章

採購人員的績效管理

第8章 這樣降低採購總成本，別人打平你卻獲利 309

目錄

推薦序一

提升盈利的兩種途徑：拉業績靠業務、降成本靠採購

中華採購與供應管理協會理事長／許振邦

《賺錢公司的採購學》是本有趣的書，它的有趣不僅在於內容，更是作者憑著他的生花妙筆，把生硬的採購專業講得妙趣橫生卻不失專業，更帶有經驗傳承的味道。這也是一本描述採購專業工作的書籍，除了能讓有經驗的採購從業人員心領神會外，也可以讓零基礎、卻想選擇採購作為專業職能發展的人士，能快速掌握工作重點、進入狀況。

採購這份工作，在許多人眼中或許只是一個「花錢買東西」的活兒，我自己多年前就曾遇到某高階主管說：「是個人，就可以做採購。」其言下之意，彷彿就是買東西人人都會。但如果提高到公司經營的層級，買東西這檔事就變得不那麼簡單、容易了，因為決定買什麼、如何買、何時買、向誰買、用多少錢來買等等的複雜決策因素，絕不是私人採購可以比擬的。

總的來說，公司可以透過兩種管道來提高盈利，其一是「多賣」，就是透過業務、增加

銷量，帶來豐厚的業績以提升獲利；其二就是「少買」，也就是透過採購管理來降低成本，節省的金額將可直接貢獻到利潤上。一般公司採購原材料及零組件的成本，占企業總成本的比例，平均水準會在六成以上，採購對成本控制的優劣與其重要的程度，將決定公司的未來，這是不言可喻的。

誠如本書作者所言，今日的採購普遍受到全球各大企業重視，甚至成為不少公司的核心競爭力。因此，要做好採購這份工作，需要具有專業的複合型人才。作者提出要像業務一樣做採購的概念，也就是說採購不只是在買東西，更要具備商業經營的頭腦，除了要懂得制訂採購計畫和預算、管理供應商與品質、談判價格、簽訂合約、降低採購總成本外，更要提升採購人員的道德操守與素質。這與中華採購與供應管理協會，常年推展的「基礎採購檢定」（A．P．S）與「認證採購管理師」（C．P．P）專業認證的理念不謀而合。滿足公司需求是對採購最基本的要求，若能在買對、買好的基礎上，取得相關證照並發揮採購的價值，才能稱得上專業的採購人士。

無論你是即將進入採購工作的菜鳥，還是已經在職場打拚多年的老鳥，這都是一本非常不錯的參考書籍。不僅可以作為採購專業書籍來閱讀，幫助讀者快速入門採購實戰，還有助於提升綜合工作內涵。在此，誠摯推薦這本好書。

推薦序二

「採購學」是職涯的必修顯學

從行銷採購做到高階主管的家樂福全國公關經理／何默真

臺灣的產業從農業、製造業，到現今已有七〇%以上的服務業，隨著產業的發展，採購這份工作之於企業，已經從被動需求成為主動的獲利來源。而且，無論我們身處哪一個產業，採購學肯定是一門要了解的必修顯學。

臺灣正邁向「服務取向採購學」

製造業的採購以生產公司主力商品為目的，因應生產策略所衍生的採購流程與計畫就相對重要。而製造業在採購內容與選擇性上，相較於目前以服務取向的流通業而言，項目單純許多。

流通業中，採購工作在公司占有相當重要的一席之地。以量販店為例，標榜一次購足的量販流通賣場中，有將近五萬種選項，「商品的選擇性」是吸引顧客上門的重要條件，公司從數千個供應商採購的商品，須兼顧種類齊全、分類選擇性多，專業採購必須隨時掌握最新商品上架的訊息、國際間的流行趨勢、競爭對手的商業策略攻防；在地農產品的採購，還要隨時觀察季節性商品的市場供需情形、氣候及環境對農作物的影響；至於國際食品採購，甚至要了解病蟲害及基因改造，對於國人健康的影響等。這些複雜且如履薄冰的工作，不僅面向廣，還必須深度累積專業的能力，稍一不慎就可能讓公司蒙受損失，或者減少獲利。

有心想進入採購這份工作的人，該如何學習當一名採購人員？《賺錢公司的採購學》就是最適合的答案。

本書從採購應具有的基本能力開始，到擬訂採購計畫、篩選供應商，再到最重要的談判雙贏的戰力培養……一步一步的透過實際案例，解構採購必要的常識與知識，並在內容中節錄經典的錯誤案例，讓讀者看懂「地雷」在哪裡？如果現在有一位年輕人告訴我，他想當採購，我一定會推薦他看這本書。

永遠以雙贏為最高原則

採購工作最迷人的地方，是人與人在商業模式的互動中雙贏。如何在商場上相互依存又互相角力的詭譎氣氛中，讓雙方都得到平衡，且取得應有的獲利？同時必須隨時對於談判過程中出現虛構、偽造、欺詐的行為，具有防禦及反制能力？其實只要運用作者在書中自問自答的道德採購邏輯，與相關證照取得的外部專業認證，來協助評估採購的實際優化效能，就能累積強大的採購實力。

作者舉例全球最大的零售巨擘沃爾瑪的三大採購政策：永遠不要買得太多、價廉物美、突出商品採購重點，讓這家巨無霸型的連鎖零售通路，長期致力於尋找最暢銷、新穎又有創意、令人心動且能創造價值的商品，採購的成功策略成為持續吸引更多顧客上門消費的必勝絕招。

祝福每位加入採購這場戰爭中的人，好好運用這本書，從「慘購」經驗中，完美變身為專業採購。

序一

花錢買東西，是一種專業

在美國，採購曾被稱為一個員工在公司裡的「最後一站」，意味著員工要是在公司裡什麼都幹不了，如果最後連採購這種「花錢買東西」的事兒都做不成，那麼在公司裡真是百無一用了。所以在過去很長的一段時間裡，人們認為採購不需要專業，也覺得從事採購的人，通常會是公司裡打雜的。

如今，採購普遍受到人們的重視，甚至成為不少公司的核心競爭力，這個職位的重要性也與日俱增。

據統計，很多具備一定規模的企業都設置採購長（Chief Purchase Officer，簡稱ＣＰＯ），也就是說，採購部的頭兒跟人們一向豔羨的執行長（Chief Executive Officer，簡稱ＣＥＯ）、財務長（Chief Finance Officer，簡稱ＣＦＯ）、營運長（Chief Operating Officer，簡稱ＣＯＯ）、行銷長（Chief Marketing Officer，簡稱ＣＭＯ）等，同處於「Ｃ」級別，採購的戰略重要性獲得企業的高度重視。如今，做採購的再也不會被認為是打雜的，而是很多人努力追求、需要具備專業的複合型人才。

人們對採購的認識，為什麼會發生這樣的轉變？因為市場環境已經改變，企業發展策略已變。

關於企業的發展策略，主要有垂直整合和水平整合兩種。垂直整合是指，一個企業擁有一個供應鏈中的多個部分；一個高度垂直整合的企業，可以控制從原料生產到產品零售，幾乎全部的環節。一般來說，選擇這項策略的企業，大多是為了更妥善的控制物流、交流資訊和降低成本。

然而，垂直整合度高的企業往往規模龐大，管理機構複雜，與外界接觸較少，不能迅速了解外界的變化，從而導致其反應速度慢。不僅如此，垂直整合度高的企業，通常有操縱市場與產業鏈、涉嫌壟斷的嫌疑，所以選擇這項策略的企業，發展到一定階段時，往往會受到所在國家和地區的相應處置。

其中的典型是美國石油大王約翰·洛克斐勒（John Davison Rockefeller）創辦的標準石油公司，該公司創立於一八七〇年，到十九世紀末、二十世紀初時，發展為一家綜合石油生產、提煉、運輸與行銷等石油產業鏈的公司，垂直整合度非常高。一九一一年，美國政府認定標準石油公司是一家壟斷機構，經美國最高法院裁決，標準石油公司正式被解散，並拆解成三十四家獨立公司。

由於在奉行垂直整合的時期，企業在所處的產業鏈中幾乎無所不做，這就使得生產所需的原料，在很大程度上都是仰賴自製，很少需要向本產業鏈裡的其他企業購買產品，這就使得採購對生產經營的影響非常小。因此，垂直整合時期的企業，並不認為採購需要專業，那時的人們也很難理解什麼是「專業的採購」。

隨著社會分工日益深入，產業鏈越來越提倡專業分工，進而優化鏈中的各個環節。於是，垂直整合逐漸減弱，外包戰略日漸盛行，企業的供應鏈逐漸向供應商延伸。尤其是在注重核心競爭力的背景下，把大批的非核心競爭力外包給供應商，以便自己集中精力做好核心業務；久而久之，企業逐漸喪失非核心業務方面的生產能力，變得更依賴供應商。這也使得橫向水平整合日益明顯，即需要與供應商積極合作，透過採購來滿足生產經營所需的原料和服務。

花錢單位變營利中心？專業採購能辦到

舉例來說，在汽車行業，將近八〇%的產品成本來自於供應商。可以說世界上沒有任何一家汽車企業，有能力生產汽車所需的全部零組件和系統裝配。以豐田（TOYOTA）的冠樂拉（Corolla）車款為例，儀表板絕緣層、安全氣囊、轉向柱軸承、油門踏板、交流發電機、發動機蓋、發動機固定支架、油箱、車徽等眾多零組件，技術和系統裝配來自於不同的供應商，如果缺少產業鏈中供應商的配合，一家汽車廠商是難以實現正常生產與經營的。

在很多情況下，企業能否實現正常的生產經營，與採購品質、採購競爭力強弱有著很大關係。例如，產品一般都是由不同的零組件組成，假如零組件品質不佳，就會直接影響產品的品質；假如零組件的交貨期沒有保障，就會影響生產計畫；假如無法控制零組件的成本，就會影響經營成本。此外，如何篩選出優質的供應商？如何對其進行成本分析、如何預測採購品類與數量？如何把採購從傳統單一的「花錢中心」變成「營利中心」？要解決這些問題，都要具備較強的採購專業。

正因為這樣，本書的內容側重於「如何成為專業的採購」。另外，無論我們是否選擇將採購作為職業，在生活中都會面臨各種購物決定（如買房、買車、買其他生活用品等）。讀者如果能透過本書，了解必要的採購知識和技能，就可以不花冤枉錢，讓自己買得對、花得值、用得好。

書中按照一般閱讀的思維次序，共分為八章，內容由淺入深，涵蓋了採購的各個面向。還提供大量表格工具，事理融合、案例豐富，並挖掘與拆解眾多採購故事中的得失，不僅可作為採購專業書籍來閱讀、幫助讀者快速入門實戰，還有助於提升讀者的工作內涵。

總結來說，每個企業都處於相應的供應鏈之中，對供應鏈的有效管理，會直接影響經營狀況。採購則是經營供應鏈的重要手段與途徑，也是影響營運成果的重要因素。因此，提高採購專業度，是每一位採購人員的職責，也是企業優化內外環境的重要行動。

最後，祝大家贏在採購！

序二

產品要賣得好，得先要買得好

什麼樣的產品（服務）是好產品（服務）？什麼樣的企業是好企業？我們在生活中不免經常有這樣的疑問。但毋庸置疑的是，好企業一定有暢銷的產品。如果沒有暢銷品，利潤就會成為「無源之水」；獲利狀況糟，就會影響正常的生產與經營；過日子都困難，顯然難以符合好企業的標準。可見，企業要越來越茁壯，必然要有賣得好的產品（服務），捨此之外、絕無他途。

相信每個企業都希望自家產品能賣得好，可是，要如何才能賣得好？能完全滿足顧客的特定需求，必然不可缺少。舉例來說，顧客買輛汽車，發現車門把手一拉就脫落了，引擎三天兩頭故障，得經常到修理廠維修等。這種功能不穩定、品質低落的汽車，顯然難以稱得上是好產品。實際上，如果我們用心觀察就會發現，一個產品通常由多個部分組成，其中不少零件是企業從外部採購的。再以手機為例，手機上的聽筒、麥克風、鏡頭，乃至主機板、處理器等眾多零組件，都是採購自供應商的。假如使用手機時，某個零件出現品質問題，我們往往會遷怒於手機廠商，對該產品打從心底給予壞評價。

產品要想品質好，構成產品的零組件就要好；零組件有問題，往往會影響產品的整體品質。中國有句古訓：「千里之堤，毀於蟻穴。」千里長的河堤，往往因為其中一個微小的部分出現蟻穴（相當於產品中某個零組件出現品質問題）而毀壞。

因此，產品要賣得好，其中一項重要前提就是品質得好；而產品品質好的前提，自然就是各個零組件的品質要好。由於產品的很多零組件不是由企業本身，而是供應商生產的，企業只是從廠商處採購之後使用，所以只有做好採購，才能夠真正確保買到需要的零組件等生產原料。

如果產品因此賣得好，但是企業的經營成本，尤其是採購成本非常高，利潤一定不好，企業沒有利潤做保障，後續就難有更大的發展，也不利於形成經營上的良性循環。有了客觀的利潤，才能持續提升內部員工的待遇，從事更多的社會福利，更能回饋顧客，才會獲得越來越多稱讚。成本是利潤的剋星，由於採購成本在企業經營成本中占比很大，若能有效降低，就能直接減降經營成本。正因為如此，持續降低採購總成本，一直是採購人員的重要工作。若不能有效遏制、控制成本，即便企業的產品一時賣得好、賺了些錢，也會很快被成本稀釋掉。

基於此，產品賣得好的前提，就是得買得好；先做到買得好，才能賣得好！

第 1 章

採購的基本知識，決定公司未來能否持續發展

採購看似花錢買東西，彷彿人人皆可做，但要真正買對、買好，並作為企業經營中一項具有戰略高度的職能且將其做好，卻非小事、也非易事。因此，採購對於企業經營的作用不容小覷。

01 採購只要會殺價？經常換人以防弊？

所謂採購，是指企業在一定的條件下，從供應市場獲取產品或服務作為資源，以保證生產及營運正常開展的一項經營活動。在採購的發展歷程中，經歷到從傳統採購到戰略採購的演變。而在傳統採購中，人們對採購工作的認識，普遍存在幾種誤解：

誤解一：採購就是殺價，價格越低越好：

有些人認為，做採購就要熱衷於和供應商打價格戰，把價格一再壓低，並將獲得最低價格視為成功。這是典型的誤解，之所以這樣做，是因為忽略了採購的總成本。

俗話說：「買的沒有賣的精。」供應商看似在價格上已經沒有營利的空間，但是他們會透過其他管道來挽回損失，例如降低材料品質、交貨時間不準時、服務水準下降等。結果，採購人員看起來在交易上占了便宜，過程卻飽經磨難，甚至在後續使用中，付出更大的代價。所以，不僅要關注單價，更要關注採購的總成本。

誤解二：做採購就可以「吃、拿、卡、要」，不吃白不吃，不拿白不拿：

有些人認為，採購是個肥差，很大程度上掌握著選擇供應商的權力，供應商有求於自己，就認為有權不用、過期作廢，所以在過程中為自己謀取私利。這種觀念和行為不僅有違職業道德，還使採購中的風險加劇。

對於任何管理良好的企業而言，都不會允許發生上述現象，在強化內部控制的基礎上，總會致力於打造堅守道德規範的採購團隊，以防止過程中的貪腐現象。

誤解三：認為企業要經常更換採購人員，以預防採購貪腐：

有些企業認為，採購工作不過是花錢買貨，容易滋生問題，為了控制採購人員的不道德交易，得要經常更換人員，以防止貪腐發生。一些企業甚至明文規定，採購人員不得連續任職超過三年，期滿要轉調到其他部門工作等。

上述做法固然在一定程度上，有助於遏制弊案，卻忽視採購工作的專業性。由於採購在生產經營中發揮的作用越來越大，不再僅僅是簡單的事務性工作，而是專業性很強的職位。頻繁的調職，既不利於採購人員累積專業能力，也不利於培養、提升工作能力。

誤解四：認為做採購就要會急催貨，然後慢慢付款：

有些人認為，做採購就是在拿貨的時候，要學會如何催供應商快速出貨；在收到貨物後，到了付款環節，卻不著急了。即便供應商不斷催促，還是非常淡定，能拖多久就拖多久，彷彿為所在的企業「減少」支出一樣。

其實，上述做法很不利於採購人員培養企業的商業信譽，更不利於與供應商發展良好關係，最終更會影響企業的健康發展。一般來說，每個企業都處於特定的供應鏈之中，如果只顧私利，不管上游供應商的死活，基礎就會動搖、甚至喪失其可持續發展的良性根基。

隨著社會發展和採購工作重要性的突顯，從傳統採購走向戰略採購，成為當前採購發展的趨勢。我們要判斷一家企業是否具備戰略採購的思維，主要基於下述關鍵特徵：

1. 從關注單價到關注採購總成本：

採購總成本，就是採購材料的生命週期的全部成本。也就是說，從與供應商談好單價，到材料交付、運輸、檢驗、儲存、使用，轉化成相應的產品，直至產品為客戶所接受，或者遭到客戶投訴並處理完投訴的整個過程。過程中附加在材料單價之上，而發生的各種費用支出的總和，構成材料整個生命週期的成本。

2. 與供應商的關係，由短期交易到長期合作：

傳統採購只關注單價，使得企業會基於價格因素而頻繁更換供應商，不利於與廠商發展穩定的夥伴關係。但在戰略採購中，企業與供應商會把彼此視為夥伴關係，雙方致力於長期合作，才有助於雙方實現雙贏的發展。

3. 供應商由分散到集中，數目由多到少：

傳統採購只關注單價，誰的價格便宜就買誰的，使得供應商很分散，數目也很多。至於戰略採購，一般會強調高度集中，供應商的數目也會隨之減少。

我們知道，採購追求的是品質優、成本低、交貨準時、服務好。從品質方面來看，由於不同的供應商遵循不一樣的品質標準，而且在水準上參差不齊，因此如果供應商數量過多，就會使得材料品質波動大、不穩定，同時增加檢驗次數和檢驗費用。倘若從中篩選出表現優秀的廠商，就會讓品質有更好的表現；從成本來看，供應商數量多、貨源多，會使得企業採購數量分散，不利於形成數量優勢和規模效應；反之，可以透過採購規模效應，爭取到更好的價格優勢，以及更低的採購總成本。

從交貨與服務方面來看，實施集中採購，有助於企業成為供應商的大客戶，由於廠商普遍奉行大客戶優先原則，因此在產能分配、供貨保障、技術支援與服務上，都會不同程度的向企業傾斜，以滿足其需求。

4. 採購部門的角色，由被動執行到主動參與經營：

傳統採購被視為一項簡單的事務性工作，主要是簡單的下單、跟催、驗貨、付款等，只是被動執行需求部門提出的商品規格；戰略採購則高度重視採購對於經營的重要性，強調其專業度，視為企業的一項戰略職能，使得人員積極主動參與經營。

02 採購成本降，利潤會加倍放大

一般來說，企業經營的成本結構中，採購原材料及零組件的成本占總成本的比例，會隨行業而有差異，約在三〇%至九〇%之間，平均水準會在六〇%以上。以製造業為例，採購成本（包括採購原材料和零組件）一般要占六〇%，人力資源投入要占二〇%，其他各種費用約占二〇%。由此可以清楚看到，採購成本是成本控制中的主體和核心部分，能否做好採購，是企業（尤其是製造業）成本控制中，最有價值的部分。主要體現在六個方面：

1. 影響企業的成本結構：

企業的存在往往是為了滿足某種市場需求，而產品便是滿足相應市場需求的載體。經營中的各項費用，主要圍繞在產品如何滿足市場需求而支出的。在產品的成本構成中，採購環節形成的材料成本，所占的比重往往最大。如果企業不能有效降低採購成本，就難以從根本上改善成本結構。因此，有效降低這項成本，有助於從整體上降低總成本。

2. 影響產品品質：

採購的材料品質不合格或不穩定，就會直接影響產品的品質與穩定性，從而導致企業增加在其他環節（如售後環節）的成本，甚至喪失市場占有率。在很多實際案例中，產品品質不合格的背後，往往與採購的材料品質不佳，甚至和以次等品充當優質品有關。

3. 影響產品的交付與上市：

企業的正常生產經營，通常需要採購方面的大力支持，畢竟巧婦難為無米之炊。舉例來說，一間汽車製造廠要如期推出某款車型，自然離不開各零件供應商，在供應方面的支援。如果企業採購不到相應的零組件，產品上市日就要延遲。其實，在各行各業中，採購對企業的生產經營，發揮著不可替代的作用。

4. 影響企業對外部環境的反應能力：

在競爭力構成中，企業對外部環境的快速反應能力，是一個重要的組成部分。基於此，採購時材料若能準時交貨以及控制庫存，會提高對外部環境的反應能力。例如，企業發現了一個絕佳的市場機遇，要迅速大量生產某款產品，但採購的材料如果遲遲不能交貨，就會影響切入市場的時機。又如，根據市場的變化，企業要讓產品轉型，卻發現過多的庫存占用大量資金，就會影響經營調整上的機動性。可見，採購影響著企業對外部環境的反應能力。

5. 影響盈利水準：

在各項成本支出中，採購所占的比重往往最大。據統計，企業若降低一％的採購成本，在經過各層級的放射效應後，會增加一〇％至二〇％的利潤，從而直接決定盈利水準。正是為此，很多管理者才發現，採購能夠創造企業利潤！

6. 影響企業與供應商的關係：

企業的採購工作會影響供應商的生產經營，進而影響雙方之間的關係。舉例來說，企業的採購需求會推動供應商持續改善，包括在技術、品質、價格、交付、服務和創新等方面的優勢，以更妥善滿足企業的需求，從而實現需求與供應之間的協調發展，逐步使得供需雙方建立雙贏的供應鏈關係。

由於採購成本在總成本中所占的比例很高，使得採購在多種角度影響企業十分深遠。因此，採購的專業性以及能否做好採購，日益引起很多企業的重視。

03
不只是拿錢買，採購得具備五種基本能力

在人們的傳統思維中，採購就是**拿錢買東西**，目的就是用**最少的錢買到最好的東西**，但事實並非如此。隨著經濟發展、市場的繁榮，以及企業之間競爭日益激烈，採購已經從單純的商品買賣發展為一種職能、一門專業，一項可以為企業節省成本、增加利潤、改善經營的專業能力。

在美國，曾經稱採購為員工在一個企業的「最後一站」；也就是說，假如一個人在某個崗位上的工作能力不勝任，就會被調整到其他較不重要的職位，以此類推。假如實在幹不了別的工作，就會被調到採購的職位上；要是再幹不好，就會遭到企業掃地出門。由此可見人們長期以來，對採購專業性的誤解。

如今，採購早已不是一份輕鬆的工作，而是需要較高的專業技能，也已經成為一個名副其實的技術活兒。例如，採購需要關注的不僅是價格問題，還包括品質水準、售後服務、總成本等。舉例來說，有些產品看起來買得很便宜，但是需要經常維修、不能正常使用，反而

會大大增加使用產品時的總成本；假如採購人員一不小心購買假冒、偽劣的商品，就會為企業造成更大的損失。

只有具有專業功底的人員，才能對商品具有敏銳的洞察力。此外，有些企業為了維持採購隊伍的清廉度，而頻繁更換人員，這種做法也並非明智之舉，因為任何採購人員職能的提高，都離不開一定工作時間的累積。因此，若要調換，也最好在採購部門內部進行，以確保業務的持續性和人員能力的提升。

通常，採購人員應該具備以下五種基本能力：

1. 別只有成本意識，要加上價值分析能力：

衡量一個企業是否優秀的最主要指標，是利潤的增長速度，是否大於銷售收入的增加速度，企業要做到這一點，就必須優化商品結構和不斷降低成本。一般來說，在利潤增長放緩的趨勢下，降低成本越來越受到關注，為此採購工作更應該以達到最低總成本為導向。

所以，採購人員在看到供應商提供的報價單時，要有一定的分析能力，**除了直接的價格比較，還要能分析原材料的品質、交貨時間、付款條件**等因素，從而透過價格看出價值。

2. 資訊整合能力：

有些企業由於不夠了解市場，致使採購失誤，甚至使得各相關部門出現相互責難的現象，例如：

(1)有些供應商產品品質差、信譽度欠佳，但在採購時，為什麼還選擇這些廠商？

(2)為什麼採購的物品品質比別人差，價格卻比別人高？

(3)為什麼不能在價格低的時候採購？

(4)為什麼不在缺貨前就訂購，以至於影響企業的正常生產？

上述對採購工作的種種責難，實際上是由於缺乏市場資訊、部門間溝通不足等因素導致。採購人員要具備較強的資訊整合能力，具體來說，包括要懂得利用價值分析、成本分析與統計分析等技術，**對物料價格**資訊有客觀的了解；要懂得一定市場的調查研究方法和技巧，**充分了解供應商**的資訊；要**懂得相應的生產技術和流程**，從而了解物料品質與性能，強化精準採購；**更要懂得運輸**、**保險**、**包裝**、**匯率**等知識，以了解市場行情等。

3. 自我控制的能力：

曾經有一位採購經理在上任初始，為了體現新官上任三把火，第一把火就是「炒」了一位供應商，取消與對方的合作。當這位採購經理正在為自己的魄力洋洋得意時，有一天，供應商企業的老闆來到這位經理的家門前，詢問自己的資格為什麼被取消，並告知這位經理，此舉直接導致其企業內一百多名員工失去工作。

從這件事情中可以看出，採購人員會在很大程度上影響別人，尤其是供應商的興衰。基於此，在工作中難免會遭遇供應商投來的糖衣炮彈，以及其他拉攏手段，此時人員要有一定的自我控制能力，要能正確處理與供應商的關係。

具體來說，採購人員在採購過程中，要堅持客觀公正，切忌表現出對任何人的偏好；要謝絕採購中的各種賄賂，潔身自好；在與供應商談判的時候，要將所有的價格、條款、條件和協議，建立在正常的業務判斷基礎上，絕不能因為一己私利而影響採購工作。

4. 表達能力：

在採購中，無論是用口頭語言，還是用書面與供應商溝通，採購人員都要能夠正確、清晰的表達採購物品的各種條件，如產品規格、數量、價格、交貨期限、付款方式等，避免產生任何歧義。為此，採購人員要具備很強的表達能力。

5. 溝通協調能力：

在企業中，採購業務牽涉面較廣，為了順利展開業務，也為了盡可能減少失誤、發揮採購促進企業整體發展的作用，採購人員除了強化個人能力以外，還需要企業內部各部門的密切配合。

簡言之，採購是個技術活兒，要想做好採購工作，離不開強化與提高多項素質和能力。

04

常見的採購方式有八種

一般情況下，企業在制訂生產經營計畫或者相關採購政策時，都會明確規定採購的方式，從而使人員有章可循。作為採購人員，必須對一些常見的方式了然於胸，以便在實際工作中靈活運用。接下來將帶各位了解，八種常見的採購方式。

1. 集中採購：

是指由企業的採購部門統一採購。通常適用於大宗或成批物品，以及企業生產中關鍵的零組件、原料或其他戰略資源，還有保密程度較高、需要定期採購的物料等物品。

在集中採購時，要注意以下問題：由於集中採購的數量比較大，因此人員要清楚把握需求數量，避免物料囤積過多，占用企業的資金；**集中採購的過程會比較久**，手續相對繁多，可能會延遲物料的到貨時間，為此，要密切關注物料使用部門的具體需求，避免出現物料到位不配套等的情況。

2. 分散採購：

是指由企業下屬各單位，如各部門、分公司或子公司實施、滿足自身生產所需而執行的採購。一般來說，分散採購適用於小批量，總支出費用少，在費用、時間、效率、品質等方面優於集中採購的物料，以及下屬各單位具有相應採購和檢驗能力的物品。

相較於集中採購而言，分散採購靈活機動，有利於企業下屬各單位按所需來供應，可以有效杜絕物料囤積；同時，這項採購所需的時間較短，當生產計畫與行銷計畫改變時，可以隨時調整。在實際工作中，集中採購和分散採購通常會互相搭配，發揮出採購的積極作用。

3. 直接採購：

是指企業直接向物料源頭的生產廠商採購的方式。這項採購涉及的環節較少、手續簡便、資訊回饋快，有利於供需雙方之間直接交流，以及跟進售後服務。一般而言，直接採購適用於需求方的數量夠大，希望從供給方獲得更低廉的採購價格，需求方配置了比較齊全的採購、儲運、管道與設施等，從而能較順暢的與物料供給方對接。

4. 間接採購：

是指透過中間商採購的方式，主要包括委託流通型企業進行。一般來說，間接採購可以有效利用中間商的管道、儲運等優勢，同時避免需求方在這些環節上的支出，而在一定程度上減少費用、時間，以及物料的非正常損失等。

在實際工作中，企業可以根據需要，選擇採取直接採購或間接採購，或者兩者兼具，以實現採購效益最大化。

5. 招標採購：

是指企業作為招標方，事先提出採購的條件和要求，邀請眾多廠商參加投標，然後由採購方按照規定的程序和標準，一次性的、擇優選擇交易對象，並與得標的投標方簽訂協定的過程。一般來說，整個招標採購的過程要公開、公正和擇優。在現實生活中，這不僅是政府採購中的一個重要方式，而且是招標額較大的企業採購中較重要的方式。

根據招標範圍的不同，招標採購又可以分為競爭性招標採購，和限制性招標採購。其中，競爭性採購主要是向整個社會公開招標，限制性招標採購是在選定的若干供應商中招標。一個完整的招標採購，主要由下述作業程序組成（參見左頁圖1-1）。

一般來說，招標方在與投標方簽約後，會對供應商產生約束力，從而在很大程度上有助於確保材料按時到貨，亦有助於物料出現品質問題時得以解決。另外，招標採購所用的時間較長，因此有些時候，一些急需的物料不宜利用此方式。

招標 → 開標 → 評標 → 決標 → 簽約

圖1-1　招標採購的作業程序

6. 網上採購：

是指以網路技術為基礎，以電子商務軟體為依據來採購。相對來說，這種方式方便即時，資訊量豐富，有助於採購方快速獲得大量的供應資訊，並在一定程度上降低採購成本。舉例來說，阿里巴巴旗下的一六八八批發網，就提供大量的產品供應資訊，只要在一六八八批發網登錄，就可以瀏覽大量資訊，採購方只要在網上下訂單、付款，供應方就可以出貨。此外，在網上採購中，需要注意供應商的信譽和產品品質。

7. 現貨採購：

即平常一般所說的一手交錢、一手交貨，供應商將物料交給採購方，採購方則依照協議，將資金支付給對方。在現貨採購中，由於雙方銀貨兩訖，對於採購方來說，有利於享受廠商提供的優惠價格。不過，這種方式也存在著一定的問題，例如品質保障、價格波動等。對此，採購方要認真驗貨，一旦發現產品種類、規格、數量、包裝等不符合規定，就要及時與供應商交涉；再者，在現貨採購之前，要做好充分的市場調查，對產品價格有全面的認識，防止廠商擅自抬高物價等。

8. 遠期契約採購：

是指雙方為穩定供需關係，透過簽訂供貨契約，實現物料供應和資金結算，並藉由法律約束和供需雙方的信譽、能力，來保證順利履行契約。相對而言，遠期契約採購的時效較長，物料價格也較穩定，交易過程透明有序，交易成本也相對較低和有保障；同時，採購方還要掌握供應商的履約能力，契約條款要準確無誤、沒有歧義。在實際應用中，遠期契約採購主要適用於大宗或成批採購，而且是採購方長期需要的主要材料和關鍵零組件等，以及供需雙方共同認可的品質標準、驗收方法等因素。

總的來說，採購人員須積極學習、掌握接觸到的採購方式，以提升自己在採購上的工作能力。

05 採購方式大不同，但業務流程「萬變不離其宗」

一般來說，我們選擇不同的採購方式，在相應的業務流程上也會有所不同，但總結來說，一個完整的採購過程，其所遵循的流程又具有共通性。俗話說：「萬變不離其宗。」以下將透過下頁圖 1-2，來認識採購業務執行中的共同模式。

從接受採購任務開始，到付款並結清票據為止，將**採購業務分為九個步驟**；另外，在企業內，這是一項持續開展的業務，每一次的採購業務結束，又將在若干時間後進入下一輪的採購。接下來帶各位了解採購業務中的步驟：

1. 接受採購任務：

這可說是採購業務開始的任務來源。通常企業內的各部門會把採購任務報給採購部，採購部匯總所要購買的物資後，再將任務分配給各成員，並下達相應的任務單。有時，採購部還會主動根據企業的生產經營與銷售情況，主動提出各種物資的採購計畫，並交由各部門及企業領導核實後，形成採購任務。本步驟主要是解決「為什麼採購」的問題。

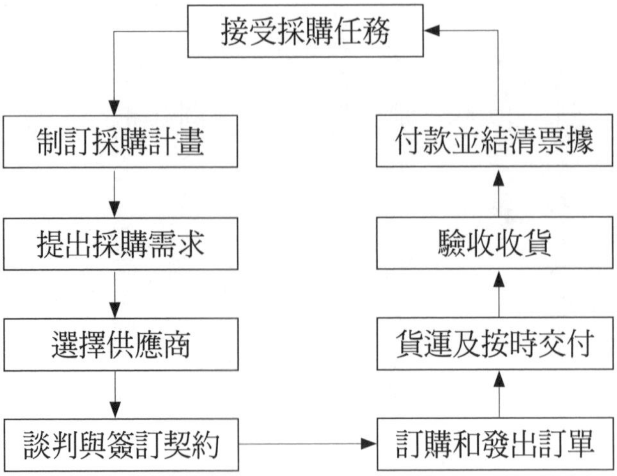

圖1-2　採購業務流程

2. 制訂採購計畫：

採購人員在接到任務後，要制訂出具體的工作計畫。總的來說，人員要對所採購的物資做市場調查，包括調查、分析產品價格、規格、供應商等因素，從而確定採購方式、時間，以及貨物運輸方法、貨款支付方法等。本步驟主要從宏觀上解決「怎麼做採購」的問題。

3. 提出採購需求：

這裡的採購需求，主要包括三個方面：一是清楚而準確的規定採購的產品，同時也有助於供應商準確理解；二是詳細制訂產品的檢驗程序和規範；三是形成完整的採購文件，如採購契約、產品標準、技術協議等資料。總結來說，本步驟主要解決了「採購物品要達到什麼樣的標準」，以及相關採購文件的問題。

4. 選擇供應商：

每個企業都會處於一定的供應鏈中。對於在企業本身供應鏈中屬於合作關係的供應商，人員可以直接發出採購資訊給對方；對於非供應鏈中的廠商，可以透過蒐集資訊，選擇品質好、價格低、交貨及時、服務周到的對象合作。本步驟基本上解決了「從哪個供應商處採購」的問題。

5. 談判與簽訂契約：

選擇了適合的供應商後，採購人員還要與對方反覆談判，討論價格、品質、交貨期、售後服務等合作條件，最後以契約的形式規定這些條件，從而形成採購契約。供需雙方簽訂契約，意味著兩方正式進入合作程序。

6. 訂購和發出訂單：

一般來說，雙方簽了採購契約後，就可向供應商發出訂單；有時，採購契約本身就規定了採購訂單的內容，使得契約就是訂單。採購人員在向供應商發出購貨訂單時，一定要詳細、具體的說明相關資訊，諸如訂單上的訂單編號、產品名稱、規格、單價、需求數量、交貨時間、交貨地址等資訊，都要準確無誤。

7. 貨運及按時交付

採購人員向合作的供應商發出訂單後，接下來就要面臨貨物運輸及按時交付的問題。在實際工作中，貨物可以由供應商運送，也可以由第三方運輸公司載運，還可以由採購方自己提貨。不管採取什麼樣的貨運方式，都要密切關注貨運過程，確保按時交貨，以免影響正常的生產經營。

8. 驗收收貨：

貨物運到後，採購人員要配合倉儲部門，按照雙方所簽契約的規定，做好貨物數量、品質等驗收工作，一旦發現貨物出現未達到契約規定，或者違反契約內容的問題，就要趕快向供應商反映。必要時，採購人員還可以向本企業的領導階層反映，務必確保貨物符合契約的規定。

9. 付款並結清票據：

在採購過程中，付款往往是供應商最關心的問題。如果採購方收到貨物後，在付款環節找各種非正當理由拒付或者拖延付款，必然會引起廠商不滿，從而導致廠商停止供貨，甚至訴諸法律來解決。從表面上來看，雖然付款問題是採購方財務部門的工作，但在現實中，供應商會認定自己被採購人員「坑」了，並且投訴採購人員，這不利於往後工作的進行。

因此，採購人員也要關注付款環節是否如約開展，也可以透過有序的付款行為，給供應商留下好的印象，使得企業的採購行為對廠商形成吸引力。另外，在付款時，也要結清相應的票據，使得付款行為有據可查。

06 採購做得好，各部門工作你都能摸清，老闆更感謝你！

在一個企業中，採購業務牽涉範圍較廣泛。例如，生產部門需要採購部提供優質、足量的原材料，否則就會影響正常的生產經營；銷售部門在制訂競爭策略時，往往會考慮到產品原材料中的「亮點」；倉儲部門要知道採購的貨物何時進倉庫等。可以說，採購業務與企業內各部門，都有密切的關係。

實際上，企業規模大小不同，設置的部門多寡也會有差異。一般來說，規模大的企業，部門劃分數量較多，職能分工也會更細；規模較小的企業，部門劃分數量會偏少，各部門的功能整合度更高。接下來以常見的職能部門為例，來看看採購部與相關部門的關係。

1. 採購與企業管理階層的關係：

我們知道，採購部門對企業內生產環節的成本節省，以及足質、足量的供應，會對企業生產帶來直接而重要的影響。所以，管理階層要關注採購部門與平行部門的橫向聯繫，重視持續提升採購人員素質。具體來說，在必要情況下，採購部要將與供應商接觸過程中，獲得的市場資訊，及時提供給管理層，使這些資訊成為企業經營上的參考；管理層也可將對於市場行情的預測等資訊，提供給採購部，在一定程度上幫忙做好採購。

2. 採購與生產部門的關係：

為了確保原材料供應的穩定性，採購部要與生產部門經常交換資訊，以便有足夠的時間尋找資源，以及與供應商談判；同時，還要將原料採購的週期，和訂購後可能發生的變化，及時告知生產部門，以便雙方適當的調整與配合。

3. 採購與銷售部門的關係：

銷售部門不僅要根據產品產量預測銷售情況，以及制訂銷售目標，還要考慮採購週期，以避免無法如期交貨的問題；另外，採購部應及時提供，**從供應商處獲悉的有關競爭對手的用料資訊**，給本公司的銷售部門，以協助其擬訂競爭策略；再者，為了商業互惠，企業通常會要求供應商購買本企業的產品，在具體落實中，兩個部門需要完善配合。

4. 採購與產品設計部門的關係：

一般來說，原材料越是基於標準化和通用化設計，相應的採購成本就會越低；如果產品設計部門在設計原材料規格時，**為了追求創意與個性**，而忽略這一點，**就會提高材料的採購成本**。為此，產品設計部門不可過分追求創新，而忽視價格和市場因素；同樣，採購部門也不可過於強調標準化和通用化，而忽略品質創新與技術創新的要求。所以，設計部門應徵詢採購部門的意見和建議；採購部門也要根據市場行情，提供適當的規格標準，供產品設計部門參考。

5. 採購與品管部門的關係：

一般來說，採購人員必須熟悉關於品質的標準，只有這樣，才能從供應商手上買到合適、有用的東西；同時，因為與供應商頻繁接觸，也有助於品管部門制訂一套切實、高效率的品質檢驗標準；再者，品管部門還會在物料驗收方面，給予採購部門必要的支援，使得兩個部門密切合作，採購到優質的物料。

6. 採購與倉儲部門的關係：

一般情況下，成批採購可以降低採購的單位成本，但是庫存量如果增加，又會反過來提高倉儲成本，甚至使得企業面臨消庫存的壓力。為此，採購部門要與倉儲部門密切溝通與協調，共同設計最低的存量與最佳的訂購點，從而降低總成本。

7. 採購與財會部門的關係：

由於採購成本在產品成本中占有較大的比重，因此採購預算會成為企業資金預算中，重要的組成部分。採購人員在選擇物料的品質時，要考慮到成本因素，以及企業的財務負擔能力；在議定付款方案時，要考慮到財務部門支援的付款策略（如現金結算、刷卡支付、網上轉帳等）；每一項採購交易，從開始訂購到交貨、付款，都需要相應的會計處理等。可見，這兩個部門存在著頻繁的聯繫。

8. 採購與公關部門的關係：

一般情況下，採購人員會經常與外界人士接觸，某種程度上來說，他們向外界展示企業形象，發揮了一定的公關作用。因此，對於設有公關部門的企業來說，採購部可與該部門密切合作，透過展開採購作業，向外界展現良好的企業形象。例如，採購人員可以攜帶企業的宣傳性影音資料、文案等，在適當的時機宣傳品牌，為樹立企業的良好形象而努力。

9. 採購與法務部門的關係：

在採購業務中，經常會伴隨關於權利和義務方面的法務問題。例如，由於供需雙方簽訂的採購契約，屬於經濟契約的範疇，因而簽約雙方要受《經濟合同法》（按：中國用以規範合約相關內容所制訂的法律，自《中華人民共和國合同法》於一九九九年十月一日施行後，

《中華人民共和國經濟合同法》也同時廢止。臺灣主要則是以《民法》來規範）的保護並承擔相應的責任。實際工作中，在處理採購契約、糾紛、索賠等方面的問題時，採購部要與企業內的法務部門協商，尚未建立法務部門的企業，必要時可從外界聘請法律顧問協助。

總結來說，採購人員在工作中，會與企業內各部門產生不同程度的聯繫。為此，人員需要培養良好的人際關係與協調能力，從而有效的獲得各部門的合作，圓滿的完成採購任務。

07 做採購，懂成本分析和稅務？夠專業

採購部門在很大程度上直接負責企業的成本支出，對企業的財務狀況也有直接而重要的影響。因此，掌握必備的**財務常識，是做好採購工作的必要條件**。試想，採購人員若不知道物品單價構成，如何有效的執行成本分析，從而與供應商討價還價？若不懂稅務方面的常識，如何規避與供應商合作的稅務風險？接下來將從五個方面介紹相關財務常識，以幫助採購人員大致了解。

1. 成本分析與單價構成：

一般來說，供應商在向外報價時，往往是基於成本和盈利來報價。那麼，如何判斷一個供應商的報價是否合理，是偏高還是偏低，或者正好？這就需要採購人員懂得成本分析，以及價格構成。

通常情況下，會對供應商做成本分析，大多是基於以下情形：採購方對材料底價不熟悉，不確定供應商的報價是否合理；採購金額龐大，做好成本分析有助於將來的議價。在做

成本分析時，一般要考量直接與間接的人口成本、原料成本，製造費用或外包費用，管理、營銷費用，以及稅金、利潤等因素。成本分析有助於判斷供應商報價是否合理。

2. 稅務問題：

稅是指國家向企業或集體、個人徵收的貨幣或實物，通常以貨幣形式為最常見。按照不同的分類標準，稅種的類別也會不同。例如，以課稅對象為標準分類，對於流轉環節徵收的稅，稱為流通稅（包括增值稅、消費稅、營業稅、關稅等）；以各種所得額為課稅對象的稅，稱為所得稅（包括企業所得稅、個人所得稅等）；以納稅人所擁有或支配的財產為課稅對象的稅，稱為財產稅（包括遺產稅、房產稅、契稅、車輛購置稅、車船稅等）；以納稅人的某些特定行為為課稅對象的稅，稱為行為稅（包括交易稅、印花稅等）；對在中國境內從事資源開發的單位和個人徵收的稅，稱為資源稅（包括資源稅、土地增值稅、耕地占用稅、城鎮土地使用稅等）。

若以稅收的計算依據為標準分類，則以課稅對象的數量（如重量、面積、件數）為依據，按固定稅額計徵的稅，稱為從量稅（包括資源稅、車船稅和消費稅等）；以課稅對象的價格為依據，按一定比例計徵的稅，稱為從價稅（包括增值稅、營業稅、房產稅等）；稅款在應稅商品價格內、作為商品價格組成部分的稅，稱為價內稅（包括消費稅、營業稅和關稅等）；稅款不在商品價格內、不作為價格組成部分的稅，稱為價外稅（包括增值稅等）。

若以是否有單獨的課稅對象、是否獨立徵收為標準分類，則那些與其他稅種沒有連帶關係、且有特定的課稅對象，並按照規定稅率獨立徵收的稅，稱為正稅（包括增值稅、營業稅等）；隨某種稅收按一定比例加徵的稅，稱為附加稅（包括城市維護建設稅等）。

實際上，除了上述稅種的分類標準，還有其他分類標準。比如，按稅收徵收許可權和收入支配許可權分類，有中央稅、地方稅和共用稅；按照稅率的形式分類，有比例稅、累進稅和定額稅等。

採購人員必須事先搞懂，一項交易所涉及的不同稅種的計算，並知道該去請教哪些財會專家。

3. 利潤問題：

採購人員應該明白了解，對於毛利和毛利率、營業利潤、利潤總額、淨利和淨利率的概念及其計算公式。

毛利又稱毛利潤，是商品不含稅的售價，減去不含稅進價的差額。該差額在不含稅售價中占的比率則為毛利率，這主要反映了企業生產階段的增值程度。毛利率的基本計算公式為：

毛利率＝（不含稅售價－不含稅進價）÷不含稅售價×一〇〇%

其中，不含稅售價可以視為銷售收入（即主營業務收入），不含稅進價可以視為銷售成本（即主營業務成本）。在毛利潤中，不用扣除銷售和管理費用，這是毛利潤與營業利潤的主要區別。

舉例來說，某商品成本的進價為十二元（不含稅〔按：本書貨幣單位以人民幣為主〕），經過企業的生產加工或包裝後，售價為十五元（不含稅），則該商品毛利為三元（15－12＝3），毛利率為二〇％（3÷15×100％＝20％）。

一般而言，毛利率是淨利率的基礎，沒有夠多的毛利率，會使企業難以形成盈利。

營業利潤是營業總收入減去營業總成本。其中，營業總收入包括主營業務利潤和其他業務利潤，營業總成本包括主營業務成本、營業稅金及附加、管理費用、財務費用和銷售費用。營業利潤的基本計算公式為：

營業利潤＝營業總收入－營業總成本。

利潤總額是營業利潤加上營業外收入，再減去營業外支出，基本計算公式為：

利潤總額＝營業利潤＋營業外收入－營業外支出。

舉例來說，甲企業的主業為生產服裝，二〇一五年度，其在服裝業務方面的營業利潤為八百萬元；同時，該企業還動用閒餘資金於多個領域理財投資，在一些投資領域累計獲利三百萬元，而有些投資領域累計損失一百萬元。那麼，甲企業在二〇一五年度的利潤總額為一千萬元（800＋300－100＝1000）。

淨利也稱為淨利潤，是利潤總額減去所得稅費用的結果，淨利潤在利潤總額中所占的比率稱為淨利率。淨利率的基本計算公式為：

淨利率＝（利潤總額－所得稅費用）÷主營業務收入×一〇〇％。

當然，在上述公式中，企業的營業利潤一定要遠遠大於營業外利潤，才能更客觀、有效的反映經營狀況。一般情況下，淨利率在很大程度上反映了企業的競爭力，淨利率越高，表示獲利能力越強，競爭力也越強。

4. 貨款結算方式：

在現實中，常用的貨款結算工具是一系列票據，主要有匯票、本票和支票，其中又以使用匯票最常見。另外，常見的付款方式有預付款、貨到付款、月結（即三十天結算一次貨款，還有採用兩個月、三個月等期間作為結算頻率的）等。

5. 票據整理：

採購中常用到的票據有收據、普通國稅發票、增值稅專用發票等。不同的票據在開具特點上會有所不同，對此，請參考相關稅務票據方面的書籍以詳細了解。此外，採購人員在考察供應商，以及與供應商的來往中，難免產生一些需要報銷的費用，對此，應該要分門別類保管好相應單據（如計程車收據、餐費憑據等），避免遺失。

除了上述財務常識，在工作中還要積極發現與充實相應知識，讓自己的採購工作變得更專業。

08 不懂材料、物料、品質檢驗方式，怎麼採購到好東西？

在採購中，品質通常指產品或工作的優劣程度。對於採購人員而言，符合採購契約中約定的要求或規格，就是好的品質。要做到這一點，還要設法釐清供應商對其所提供物料商品品質的認識或了解程度。一般情況下，內部管理比較完善的供應商，都會具備一些品質相關證明文件，如品質合格證、商檢合格證等。同時，採購人員也應要求對方提供或出示相應的品質相關證明文件，以在一定程度上保障採購商品的品質。

在供需合作中，雙方在品質標準上達成共識，可謂合作的基礎。對品質的統一認識，萬一在採購中出現產品是否達標的爭議，也便於雙方依據品質共識協商解決爭議。

一般來說，我們經常用規格來描述品質。在採購中，採購方會將所需規格的產品製成文件，以告知供應方，進而確保採購的商品達到預期規格。在實際工作中，不同商品具有不同的規格。舉例來說，物品的體積、長度、形狀、韌性，材料的純度、密度等規格的概念，都可以在一定程度上描述產品品質。

那麼，如何盡可能的確保產品品質？這離不開品質檢驗。根據不同的劃分依據，品質檢驗的方法也會有所差異。其中，按照待檢驗產品數量的多少，可以分為全數檢驗和抽樣檢驗。全數檢驗是對檢驗產品實施一〇〇%的檢驗，該方法主要適用於對後續工序影響較大、精度要求較高的材料；抽樣檢驗是按照統計學原理設計抽樣方案，然後從待檢驗產品中隨機選取一些樣本，並逐一檢查，從而獲得品質特性方面的樣本統計值，再與相應的品質標準來比較，接著判斷要接受，或拒收整體產品。

如果按照待檢驗產品在檢驗後的狀態特徵來劃分，可分為破壞性檢驗和非破壞性檢驗。破壞性檢驗是指，受檢物的完整性遭到破壞，不再具有原來使用功能的檢驗。舉例來說，汽車的安全氣囊檢驗，是為了確保安全氣囊在緊急情況下，能發揮保護車上駕駛及乘客的作用，生產廠商一般需要隨機抽取一定的待檢樣本，然後對車輛進行劇烈碰撞檢驗，並測試安全氣囊的安全係數。一般來說，這種測試後的安全氣囊通常會報廢，這就屬於典型的破壞性檢驗。

非破壞性檢驗，是指在不破壞待檢驗產品的前提下，有效測試受檢物的某些品質特徵的檢驗。舉例來說，要知道一顆燈泡能否正常使用，可以將其安裝到燈座上，然後接上電源。如果燈泡正常亮起，就說明可以正常運作；如果不亮，則表示其故障。這種方法未破壞燈泡，還可測試出能否使用此一關鍵的品質特徵，就屬於典型的非破壞性檢驗。

在實際工作中，除了上述的品質檢驗方法，還有很多其他的方式。例如，按照品質檢驗的位置，可分為固定檢測和流動檢驗。固定檢驗有固定的檢測站，待驗產品統一送到這些檢測站供測試；流動檢驗則是人員直接去產品所在地檢測。在工作中，人員可以根據實際需要，選擇相應的檢驗方法。

除了切實有效的品質檢驗，採購人員還要做到對品質問題有所依據，這就需要與供應商簽訂相應的品質保證協定，在明確貨物品質的情況下，使得後續工作有據可查。一旦出現品質糾紛，就能有理有據。在實際工作中，品質保證協議的條款要不是明確寫在採購契約中，就是作為採購契約的附件、由供需雙方簽訂。可以說，此協議是採購文件體系的重要部分。

此外，採購人員在工作中，還會接觸到產品瑕疵與產品缺陷等概念。其中，產品瑕疵是指產品不具有其應當具備的使用性能，它是區別於產品缺陷的法律概念，存在瑕疵的產品違反了法律規定和契約規定，採購方有權拒收；若瑕疵品對採購方造成損失，採購方甚至可以要求供應方，承擔相應的賠償責任。

舉例來說，高樓大廈內通常會有緊急照明燈（附有類似「安全出口」的字樣），若大樓裡一旦斷電，燈就會自動亮起，從而發揮疏散大樓內人員的功能。假如大樓建築裝修承包商採購的緊急照明燈，在斷電的情況下卻沒有亮起，就意味著該產品有瑕疵，使得照明燈無法發揮應有的功能，供應商一般要為此承擔相應責任。

產品缺陷主要存在於產品的設計、原材料和零組件、製造裝配或說明指示等方面，並且未能滿足用戶所需的合理安全要求。一般來說，產品缺陷雖不影響產品功能的正常使用，卻可能直接或間接的存在危及用戶人身、財產安全等因素。

舉例來說，有些門窗可能設計成向屋內拉開比較合適，結果卻設計成向屋外推開，假如用戶向室外推開窗戶時，手裡拿著的手機，一不小心摔落樓下，就會造成不必要的損失。也就是說，這樣的門窗固然不影響其正常關閉與開啟的功能，卻存在著一定的設計缺陷。

最後，採購人員在工作中會遇到各式各樣品質方面的問題與概念，對此，便要勤作歸納、多累積知識，提升自己在採購品質方面的能力。

09 像業務一樣做採購，你會當上經營者

據統計，在美國，業務出身的百萬富翁幾乎比比皆是，卻鮮少聽說做採購的人成為百萬富翁。我們知道，採購成本在很多企業的經營成本裡占了六〇%以上，可以說，採購的一小步，是企業經營的一大步。既然能為企業帶來這麼大的貢獻，那麼對於提倡收入與付出要成比例的企業來說，為什麼能像銷售人員一樣發大財的採購人員卻那麼少？一項重要的原因是，人員的心態與工作態度。

作為業務人員，無不懂得以客戶為中心的道理，並且在工作過程中，逐漸練就主動發現問題、解決問題的思考習慣，可以說，積極主動是優秀業務人員的共通點；正是因為他們具備這些優勢，才使得成功的機率普遍比其他職位更大。

因此，我們提出像業務一樣做採購的概念，實則**是學習業務人員在解決問題時的積極心態與思路**。在實際工作中，降低成本往往是採購部門的主業。對此，不少採購人員只是簡單而直接的採取降價，還動不動的就給供應商來個霸王硬上弓，諸如：「這次給我降價多少百

分比？我只要降的結果。」俗話說：「買的沒有賣的精。」供應商總不能一再做賠本買賣，於是往往會在材料品質上做文章，適當降低品質規格，這種粗放式的減降成本，表面來看是透過降價而達到目的，卻給企業帶來潛在的隱憂。有些採購人員抱怨自己的薪資上不去，但如果只是這樣機械而膚淺的做事，又怎能從根本上做好？怎樣才能在採購上為企業創造應有的價值？相對的，貢獻不足、工作不到位，又怎能獲得高薪？這是採購人員普遍需要注意的問題。

還有些採購人員，對自己的定位只是簡單的處理文件檔案、追蹤訂單，在某種程度上，把採購變成一項簡單的工作，甚至有些類似於在企業裡打雜。如果只是抱著這種打雜的心理，又怎能做得有聲有色？因此，有些人之所以做不好採購，往往不是由於能力差，而是心態方面出了問題。在這方面，的確需要向業務人員學習，因為積極的心態是業務的職業特點。為什麼優秀的業務人員能夠一再的打動顧客？其中一個重要的因素是，他們態度積極，遇到困難不打退堂鼓，而是積極想辦法解決問題。

同樣，在面臨降低成本的問題時，採購人員是否能夠積極的動腦筋，多想些實際有效的解決辦法，改變死板的降價思維？畢竟供應商在生產經營上也是有成本的，一旦在某個階段把價格降到了最低，採購人員是否可以透過幫助供應商優化工藝設計或技術、改進生產流程等途徑，有效的降低材料價格？其實，這些都是需要用心考慮的問題。

對於從事採購的朋友來說，採購能力可以讓我們「混口飯吃」，但要實現職業提升，還是要讓自己眼裡有客戶、心裡有客戶，像銷售那樣以客戶為中心。那麼，採購人員的客戶是誰呢？一方面是企業內的管理層和需要打交道的各部門，人員要確保企業買到其所需、物美價廉的物料和服務，並將優質供應商推薦給企業的供應鏈陣營，讓管理層和各部門覺得採購部買得對、選得好；另一方面，要讓供應商給予企業應有的重視，確保供應商足質、足量的為企業提供物料和服務，讓整體供應鏈更加茁壯。

其實，事在人為，無論處在什麼樣的職位，只要積極的把工作做到位，就能出類拔萃，進而有所成就。採購人員同樣不例外。在實際工作中，銷售內在的業務擴展性，使得業務人員的客戶服務意識普遍較強；相對來說，一般人對採購職能的認識落後一些。為此，一名希望奮發有為的採購人員，更要培養積極主動的客戶服務觀念，把採購工作做出新意、做出活力。

10 一味的要求供應商降價，最後反而自己破產——三鹿奶粉事件的教訓

在中國的食品安全事件中，三鹿奶粉事件曾一度處在輿論的風口浪尖，受到社會關注。這次事件的直接責任企業，是石家莊三鹿集團股份有限公司，簡稱三鹿。該企業成立於一九五六年，可謂是老字號企業。三鹿公司早期發展良好，並在市場上累積了高知名度，擁有相當大的市占率。

然而，該公司在後期由於管理不善，尤其是在採購環節出現問題，使得採購的原料中摻入三聚氰胺（俗稱蛋白精，幾乎無味，微溶於水，對人體有害，不可用於食品加工或食品添加物），從而導致三鹿奶粉在中國市場爆發嬰幼兒腎結石，並在二〇〇八年越演越烈，直接導致三鹿集團由於品質管制出現問題，而在二〇〇九年二月壽終正寢，宣布破產倒閉。

我們一方面祈福，在事件中受到傷害的無辜嬰幼兒早日康復。另一方面，三鹿集團在採購與管理方面的疏失，也給很多企業敲響警鐘。實際上，在這次奶粉事件前不久，三鹿的品牌價值經中國品牌資產評價中心評定，高達人民幣一百四十九．零七億元。然而在這次事件

後，三鹿的品牌價值頓時灰飛煙滅，頃刻間從知名品牌淪為「過街老鼠，人人喊打」的地步。造成悲劇的三聚氰胺，是事件的導火線，而事件背後的管理與風險失控才是罪魁禍首。

一般來說，乳品業要擴張產能，就要確實控制乳源。在三鹿集團的發展中，集團管理層一度醉心於規模擴張，為此不得不打價格戰，透過降價來增加市場銷量。為了支撐價格戰策略，三鹿集團一再擠壓乳品業產業鏈上游乳源環節的利潤。乳源企業為了不至於虧本經營，自然會相應調低乳源規格，正所謂一分錢一分貨。對此，三鹿集團為了維持自己不斷擴展的產能，也急需穩定的乳源輸送管道。於是，便不同程度的接受品質低下的生乳。據官方披露，三鹿集團在收購時，對生乳的要求比其他企業要低。

奶粉的品質好壞，與乳源品質有著極重要的關係。該集團為了降低成本，選用品質較低的乳源，導致其禍起奶粉，也就不足為奇。據統計，該集團的銷售額從二〇〇五年的人民幣七十四．五三億元，激增到二〇〇七年的人民幣一百零三億元，在這期間，三鹿集團並未將上游環節納入自己的產業鏈生態環境中，只是純粹希望上游奶源企業降價。因此，上游企業要想保住利潤，就得犧牲乳源品質。

一般而言，由於乳製品企業與人們的生活飲食息息相關，因此應加強乳源建設，充分保證生乳品質。然而在實際工作中，三鹿集團卻明顯不重視生乳品質，不僅最後葬送了前程，還傷害眾多無辜的消費者。

乳製品企業在生乳及原料的採購上主要有四種模式，分別是牧場模式（集中飼養百頭以上奶牛、統一採集生乳運送）、奶牛養殖社區模式（由社區業主提供場地，乳牛養殖業者在社區內各自餵養自己的奶牛，由社區統一採集生乳配送）、擠奶廳模式（由乳牛養殖業者各自散養奶牛，到擠奶處統一採集生乳運送）和交叉模式（是前述三種模式的交叉）。

其中，三鹿集團有半數奶源採取「奶牛＋乳牛養殖業者」的擠奶廳散戶模式。由於集團的反舞弊監管不力，而且不能有效在生乳生產、收購、運輸等環節即時監控數百個養殖戶，因此只能依靠交付驗貨這最後一關來「嚴格」檢查，而且加強對蛋白質等指標的檢測，又滋生了層出不窮的作弊手段。其中，集團內一些負責收購乳源的工作人員，往往被養殖業者花錢搞定，形成行業潛規則，使得不合格的乳製品在商業腐敗中，流向市場並蔓延。

此外，三鹿集團為了擴大市場影響力，還允許一些合作企業，利用自己的三鹿品牌代工生產：**集團本身已在乳源品質管制上出現問題，再加上對合作企業監控不嚴**，進一步提高了產品品質風險。

另外，三鹿集團在早期接到「食用三鹿嬰幼兒奶粉後，嬰兒尿液中出現顆粒現象」的資訊後，為了不影響產品銷售，並未立刻公開奶粉問題，反而試圖掩蓋事實真相；甚至到了二〇〇八年七月，還向各地代理商發送《嬰幼兒尿結晶和腎結石問題的解釋》，要求各銷售終端以「天氣過熱、飲水過多、脂肪攝取過多、蛋白質過量」等理由安撫消費者，使得毒奶粉繼續流通。

直到二〇〇八年八月，三鹿集團的外資股東紐西蘭某公司在得知情況後，要求三鹿在最短時間內，召回市場上銷售的受污染奶粉，並立即向中國政府相關部門報告，這才引起社會關注三鹿奶粉事件。由此可見，三鹿集團在品質危機事件中明顯處理不當，在某種程度上侵犯消費者對品質知的權利，以及維護生命與財產安全的權利。

盼望企業能從三鹿奶粉事件中吸取教訓，因為採購品質問題，既關係消費者的生命與財產安全，更關係到企業的命運興衰。

11 生產方式過於精實，小零組件引起連串事故——豐田煞車門事件

在全球汽車企業中，日本豐田汽車的銷量長期位於前列。正如他們的一句廣告詞：「車到山前必有路，有路必有豐田車。」在豐田的一路高歌猛進中，全球的銷量也持續增長，從二〇一二年到二〇一五年，更是連續四年蟬聯全球銷量第一的寶座。然而，與該品牌在市場中一路攻城拔寨形成鮮明對比的是，豐田召回事件也一度成為社會輿論關注的焦點。其中，尤以煞車門事件最為典型。

二〇〇九年八月，美國發生豐田凌志（Lexus）品牌汽車突然加速、煞車失靈，導致一家四口死亡的事故。這成為豐田汽車後來大規模召回事件的導火線。迫於美國政府和社會輿論的壓力，豐田在二〇〇九年九月底發表聲明表示，在美國銷售的豐田冠美麗（Camry）和凌志等七款、共三百八十萬輛汽車，因駕駛座腳踏墊卡住油門、踏板無法復位，可能引發事故，要求用戶取下腳踏墊即可。

就在腳踏墊門事件尚未平息時，在美國市場銷售的冠美麗、冠樂拉等八款車，又被爆出

油門踏板可能因復位困難造成事故。緊接著，二〇一〇年二月又有媒體報導稱，在日本國內銷售的豐田混合動力車普銳斯（Prius）存在煞車失靈現象，該事件在日美兩國市場共收到兩百多起投訴。

實際上，關於問題轎車的油門踏板問題，美國司法部門早從二〇〇九年開始，就陸續收到相關投訴，但豐田公司在知道事情真相的情況下，始終未打算主動解決問題。直至二〇一〇年二月被媒體曝光後，才對公眾承認了煞車門事件的實情，並陸續在全球召回九百一十餘萬輛問題汽車，這數字比豐田公司當時一年生產的汽車數量還要多。

那麼，令豐田公司傷透腦筋的煞車門問題究竟是怎麼回事？這通常被認為是與兩個問題有關。一是，豐田採用了兩種油門踏板，這兩種油門踏板從外形上看起來很相似，甚至可以互換使用；兩者的區別在於，一種油門踏板裡多了塊鐵片，從而有效避免加油門時踩到最大油門；另一種油門踏板裡少了塊鐵片，則會使駕駛者踩油門時踩到最大。一般來說，駕駛過程中踩油門踩得越深，車輛的慣性會越大，出現事故的機率通常就會相對較高。豐田公司在採購零組件時，**為了節省成本，採購的是內部少了一塊鐵片的油門踏板**。

煞車門事件後，豐田大量召回的車輛，主要是換上內部多了一塊鐵片的油門踏板。由於車輛上的零組件大多受車載電腦控制，這些零組件往往有各自的訊號處理器，因此還要連同更換車載電腦裡的處理器。

另一個問題是，豐田選用的駕駛座腳下的腳踏墊，其固定零件在設計上有問題，使得駕駛者習慣性的把腳踏墊往前頂，該動作導致踏墊的固定零組件逐漸鬆動，使得踏墊不斷往前挪移，這往往會挪移到煞車的踏板下面。結果，汽車在煞車時，踏板在踩下去的一剎那，踏板的一部分被前頂的踏墊墊住，使得駕駛者不能完全踩下煞車，從而導致交通事故發生。據悉，美國發生的大部分豐田車煞車事故，都是由此引起的。

豐田召回大量問題車輛後，更換了腳踏墊相應的固定零組件。當然，如果要問為什麼在當初的設計環節，沒有考慮到這個問題，一項重要的原因，便是與豐田一度提倡能節省就節省、過於精實的生產方式有關。

二〇一四年三月，美國司法部宣布，美國政府與豐田汽車公司達成和解協定，豐田需支付十二億美元和解金（創下了美國歷史上，汽車製造商支付給美國政府部門，和解金中的最高紀錄），以支付美國政府相關部門自二〇一〇年二月起，對該公司展開的長達四年的刑事調查。此外，豐田公司還要面對將近四百起因車主傷亡而提出的個人訴訟。這一切的一切，無非源自於採購環節中不慎採用的兩個很小的零組件。

雖然豐田公司由於煞車門問題而遭受重創，但是，畢竟實力雄厚，且擁有相對嚴密高效的生產體系，在不斷盤點與糾正自己的失誤，再加上長久以來形成的巨大品牌影響力，使得豐田連續數年穩居全球銷量第一。儘管如此，採購環節的不慎，還是嚴重影響了該公司的盈利狀況，這不得不讓很多企業引以為戒。

第2章

採購計畫和預算，該怎麼訂？

企業想要有效提升採購力，不糊里糊塗的敗家，必然得要在採購之前制訂計畫和預算，使得採購有所依據，並根據實際變化情況調整，使企業在供應商面前，化被動為主動。

01

好的採購計畫是公司獲利的前提

據統計，採購環節節省一％的成本，相當於銷售產品所帶來的一〇％左右的毛利。既然採購如此重要，那麼企業在採購前，又怎能不為之做一個詳盡的計畫？可以說，有效的採購計畫有助於有效利用資金，因為大部分營業支出，都用於物料採購。

實際上，好的採購計畫不僅能減少企業資金的流出，還可以有效控制庫存，以及避免生產線因物料不足而停產，避免企業在市場暢銷時斷貨，從而有效的規避風險，減少損失。

一般來說，採購計畫是根據生產部門，或其他使用部門的計畫而制訂的，包括採購物料、採購數量、需求日期等內容。在實際工作中，根據不同的角度，計畫也有不同的分類。例如，按照採購計畫期限的長短，我們可以把採購分為年度物料採購計畫、季度物料採購計畫、月度物料採購計畫等。顧名思義，年度物料採購計畫是規畫未來一年的物料採購工作，季度物料採購計畫、月度物料採購計畫等，則與其相應的時間相對應。

按照物料的使用方向分類的話，可以把採購計畫分為生產產品用物料採購計畫、維修用物料採購計畫、基本建設用物料採購計畫、技術改造措施用物料採購計畫、科研用物料採購計畫、企業管理用物料採購計畫等。如果按照物料的自然屬性分類，則可以把採購計畫分為金屬物料採購計畫、機電產品物料採購計畫、非金屬物料採購計畫等。

通常情況下，採購計畫屬於企業生產和銷售計畫中的一部分，也是企業年度計畫與目標的一部分。在以市場為導向的經營方針中，銷售部門的計畫（即銷售收入預算）是企業年度營業計畫的起點，然後生產與銷售計畫才能隨之確定；其中，該計畫包括採購預算（直接原料採購成本）、直接人工預算，以及製造與銷售費用預算等。

可見，採購計畫是採購部門為配合**一定時間區段（通常為年度）的銷售預測或生產數量，對所需求的原料、物料、零件等的數量，及成本訂出的詳細計畫**，以利於實現企業整體經營目標。在實際工作中，制訂採購計畫往往需要生產、銷售等部門的配合來完成。

實際上，企業制訂採購計畫，總是以實現經營目標為目的。總結來說，「經營」大多始於購入物料後，經加工製成或經組合配製成為主推商品，再透過銷售獲取利潤。在這個過程中，如何物美價廉的獲取足夠數量的物料，便是採購計畫的重點所在。

因此，對企業來說，採購計畫是為了維持正常產銷活動，在某一特定的期間內，確定購入何種物料，與訂購多少數量的預先安排。一個好的計畫能達到下述目的：

1. 配合企業的生產與銷售計畫，以及企業資金的可用程度。
2. 預估物料採購需用的數量與時間，防止供應中斷，影響產銷活動。

3. 確立企業對物料的合理耗用標準，以便於控制採購物料的成本。
4. 避免採購的物料儲存過多，從而占據資金，占用不必要的庫存空間。
5. 採購計畫要讓採購部門在事前做好準備，從而選擇有利的時機購入物料。

正如一句諺語所說：「不打無準備之仗，方能立於不敗之地。」從某種程度上而言，採購計畫是一種前期準備，因此，要想做好採購工作，就必須用心擬訂。

02 採購的第一步：懂得公司需要什麼？買了，不等於買對了

我們在採購時，首先要釐清公司究竟需要什麼、需要多少、什麼時候需要等問題，從而明確了解應當採購什麼、數量多少、什麼時候採購，以及怎樣進行，憑此得到一份確實可靠、科學合理的採購任務清單。我們通常將這些工作稱為採購需求分析。

可以說，需求分析是採購工作的第一步，也是制訂採購計畫的基礎和前提。需求分析可以簡單，也可以複雜，具體情形要根據現實需求而定。對於比較簡單的採購情境，需求分析相應的也比較簡單。例如，有些單一品項、單次需求的情形，對於需要什麼、數量多少、什麼時候需要的問題非常明確，這時即便不進行複雜的需求分析，也能清楚採購任務。例如，採購人員需要為企業行政部門購買某種指定型號的筆記型電腦，以備日常之用，對此，只要按照相應量化的需求來買即可。

然而，在一些比較複雜的採購情況下，需求分析就會變得有必要。舉例來說，一家汽車製造企業需要接觸的零組件有上萬個，各生產線在不同時段，對零組件的需求也有所不同。

那麼，這麼多的零組件，各生產線何時需要、需要多少，哪些品項要單獨採購、哪些品項要聯合採購，以及數量多少，如果我們不能認真研究這些問題，就難以有效的執行科學採購。

對於採購人員而言，在開始作業前，要與相關請購部門溝通、確定購買哪些物品、採購數量、何時採購等問題，從而增強工作的精準性。同時，還可以利用本部門累積的採購經驗，積極協助請購部門儘早預測有關物品的需求量，以避免堆積過多的緊急請購單，從而規避因緊急訂貨而增加採購成本。

為此，有關部門在填寫請購單時，一定要**詳細說明需求情況，對於需求細節，如品質、包裝、售後服務、運輸以及檢驗方式等問題，都要準確的描述和說明**。一般來說，請購單裡應該包括這些內容：請購單填寫日期、請購單編號、請購部門名稱、請購物品的金額、請購物品的完整描述以及所需數量、物品需要使用的日期、任何補充說明、請購單相應責任人的簽字等。

人員接到請購單後，在必要情況下，要與請購部門溝通和確認，確認無誤後再做針對性的採購。一般而言，採購活動在企業內部相當於內部委託，也就是說，作為代理人的採購部，執行的是委託人、即相應需求部門的指令，再利用其採購方面的專業知識實現有效率的採購。

在這個過程中，關鍵的一點是，採購部是否真正理解請購方的需求，以及這種需求的合理性。為此，應與企業內部的需求部門充分溝通，必要時可將實際需求方納入採購團隊中。

舉例來說，某通信工程承包企業，在承建某鄉村無線區域網路覆蓋業務時，需要採購某種規格的無線橋接器。該企業的採購經理經過多方比較，最後初步確定了三個無線橋接器供應商，在與他們接觸時，他邀請企業內部實際負責施工的技術人員，去考察供應商，在看過對方品項豐富的產品後，施工技術人員**調整原先的採購需求**，**換成另一種規格**的產品，並從其中一個供應商採購到品質優良、價格合理的無線橋接器。在該案例中，採購經理與企業內的實際需求方積極合作，從而幫助企業購買到業務所需的理想產品。

採購需求是採購作業的前提。如果能積極篩選出有效的需求，為企業買到最合適的物品，本身就是對經營的有力支持。

03 制訂採購計畫時的訣竅：先加法再減法

採購計畫一旦制訂，就意味著企業要為採購所花的錢、即採購預算，已初步確定下來了。那麼，怎樣才能讓企業既少花錢，又買到足夠多的好東西？正如我們前面所說，這與採購計畫的優劣密切相關。為了制訂出一份優質的計畫，需要關注哪些因素？

1. 年度生產計畫：

採購活動往往是為了直接滿足相應的生產活動，因此，制訂採購計畫時需要考慮生產計畫，尤其是年度生產計畫，以更妥善的為生產經營提供必要的支援。在實際經營中，生產計畫又常會因銷售部門對市場需求量的預測而調整，所以採購部除了考慮年度生產計畫，**還要考慮年度銷售計畫**。

2. 年度銷售計畫：

一般來說，企業的年度經營計畫多以銷售計畫為起點。年度銷售計畫往往會對應企業內外環境的變化來預測，包括企業外界的不可控制因素，如國內外經濟發展情況（國內生產毛額、物價、就業狀況等）、人口增長、文化及社會環境、技術發展、競爭者狀況等；以及內部的可控制因素，如企業財務狀況、技術水準、廠房設備、原料零件供應情況、人力資源及企業影響力等。通常情況下，基於上述內外兩種因素，企業會制訂相應的銷售計畫，從而影響生產計畫與採購計畫。

3. 存量控制：

在採購計畫中，應該將採購數量扣除庫存數量，從而保持合理的原料庫存。為此，在制訂計畫時，要密切關注存量管制方面的資料，確保採購數量的合理性。同時，我們還要確保存量資料的真實性，以防因資料有誤而導致採購失誤。

4. 物料標準成本：

編制採購計畫時，總是需要確定一個預算數額。由於在計畫中，不易預測未來待採購物料的具體價格，因此我們在實際工作中，多把物料的標準成本，擬訂為待採購物料的價格；在這方面，假如缺乏嚴密精確的核算，那麼其正確性和可參考度也將會大打折扣。有鑑於此，物料標準成本與實際購入價格的差額，通常是採購預算正確性的評估指標。

5. 生產效率：

在市場中，同一種商品在不同的時間，其價格會有不同程度的波動；在波動的背後，除了供需關係變化、市場競爭作用等因素外，最根本的便是生產效率的高低。我們知道，價格圍繞價值上下波動，以價值為標竿；生產效率提高，可以降低產品的單位生產成本，從而降低價格。因此，我們在制訂採購計畫時，要考慮到生產效率的變化因素，這不僅有利於提升對物料成本判斷的準確度，還有助於有效判斷物料的生產能力。

6. 用料清單：

隨著科技的進步，很多產品在更新換代上的速度越來越快。在產品工程的活躍變化中，需要時常更新用料清單，這會使計算出來的物料需求數量，與實際的使用量或規格不盡相符，從而造成採購數量方面的偏差。因此，採購計畫的準確性有賴於密切關注最新、最準確的用料清單。

7. 採購環境：

前面曾提到，制訂銷售計畫需要考慮企業的內外部因素，同樣的，在制訂採購計畫時，也要考慮採購作業所處的內外部環境。比如，從企業內部來看，我們要了解現有的供應商管道、產品線布局、財務狀況、遵循的品質標準體系等；從企業外部來看，要了解採購方面的法律法規、競爭者的經營狀況和採購情況、技術發展態勢等。了解這些因素後，制訂的採購計畫會更易於操作。

正如《孫子兵法》所說的：「謀定而後動。」在執行採購作業前要多方謀畫，為制訂一個優質的採購計畫做好準備，從而更完善的進行。在制訂計畫時，我們可以展開頭腦風暴式的討論，多方考慮現有的和潛在影響因素，不妨對這些因素先做加法，**盡可能多的列舉出影響因素**；然後根據權重，再做減法，使得採購計畫全面而切實可行。

04 撰寫物料需求計畫，以便制訂採購計畫

物料需求計畫（Material Requirement Planning，簡稱MRP），是利用主生產計畫（Master Production Schedule，簡稱MPS）、物料清單（Bill of Material，簡稱BOM）、庫存報表、已訂購未交貨訂購單等各種相關資料，經正確計算而得出各種物料的需求量，並據此制訂採購計畫，以管理各種新訂購，或修正各種已開出訂購單的物料管理技術。

通常情況下，MRP的邏輯步驟是：決定採購前置時間（即從確定產品或服務需求，到發出完整的採購訂單所占用的時間），和製造前置時間（供應商收到採購訂單到完成供應，所占用的時間），接著擬訂主生產計畫，再編制物料清單，確定單位產品所需的物料數量。然後設定現有庫存數量，根據主生產計畫與物料清單的計算，再加上雜項需求，得到物料的毛需求量，並從中考慮損耗數量，進而得出合理的需求量。

合理的毛需求量扣除現有庫存數量，得到淨需求量，再將淨需求量扣除現有採購量，得到計畫採購量。若計畫採購量大於零，則開具請購單、交採購部門執行採購；若計畫材料量小於零，則分析並設法消耗該項多餘物料。若現有採購數量難以充分配合生產計畫的需要，

則應調整供應商的送貨時間與送貨數量。

另外，在MRP中，會有一些指標需要計算，這些指標及其計算公式為：

毛需求量＝計畫生產量×單位產品所需的物料數量＋雜項需求。

淨需求量＝毛需求量＋損耗－庫存量－已訂未交量。

庫存量＝現有庫存－生產線已開單未領量。

已訂未交量＝訂購量－已交貨數量。

總結來說，MRP是一種推式體系，根據預測和客戶訂單，安排生產計畫與採購計畫。

一般來說，生產訂單出自主生產計畫，經由MRP計畫，再結合涵蓋各種必要文件檔案資料的物料主項（Item Master），以及生產所需的物料清單，從而得出訂單，並使其被「推」向工廠產線及庫存。MRP的運行原理如下頁圖2-1所示。我們接下來再看MRP的基本結構：

1. 主生產計畫：

這是確定每一具體的最終產品，在某一具體時段內生產數量的計畫。該計畫中的最終產品，對於企業來說是最終完成、要出廠的成品，它要具體到產品的品項、型號。主生產計畫會詳細規定在什麼時段、生產什麼產品，使之成為開展MRP的主要依據，發揮從綜合計畫向具體計畫過渡的承上啟下作用。

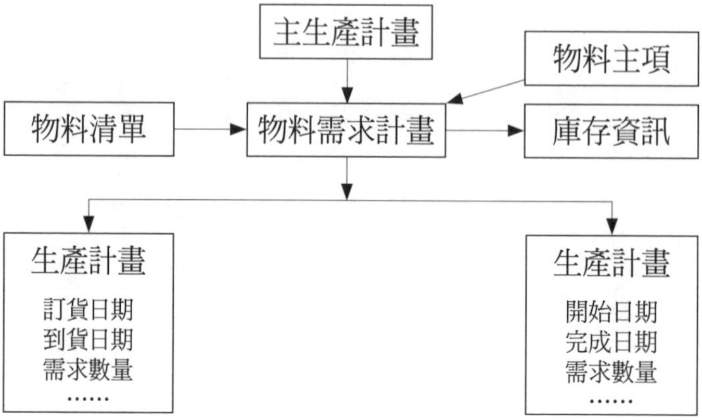

圖2-1　MRP運行原理

2. 物料主項：

主要是儲存一切有關產品、半成品與材料的各種必要文件檔案資料，如物料名稱資訊、產品結構階層表、採購前置時間、物料基準存量表等，以便於ＭＲＰ的運算與進行。

3. 物料清單：

物料清單可以表示產品零件的構成及數量，透過ＭＲＰ，可以從中計算出產品所需要的物料零件數量。對於ＭＲＰ系統來說，其準確性至關重要。在上述毛需求量的計算公式中可以看到，單位產品所需的物料數量，便是經由物料清單得出的，一旦清單有誤，將會導致整個ＭＲＰ系統出錯。一般來說，清單不準確通常由兩種原因引起：一是物料檔案不完整；二是工程變更缺少控制，造成協調不順暢。對此，要規避不利因素，以確保物料清單的準確性。

4. 庫存資訊：

庫存資訊是保存企業所有產品、零組件、在製品、原材料等存在狀態的資料庫。在MRP系統中，會將產品、零組件、在製品、原材料甚至工作服裝、工具等物品統稱為物料或項目。為了有效識別不同物品，我們要對所有物料編碼。可以說，物料編碼是MRP系統識別物料的唯一標誌。

在實際工作中，MRP有效增加採購計畫的科學性。此外，MRP在運作時，由於會受到主生產計畫、物料主項和物料清單的重要影響，要確保這些資料的準確性。

05 外包業務日漸增加，「採購」居樞紐地位

在採購計畫中，通常會涉及三條「流」，即產品流、資金流和資訊流。其中，產品流是從供應商流向採購方，若從採購方流向供應商（如退換貨），則稱為逆物流；資金流是從採購方流向供應商，相當於採購中流動的血液；資訊流在採購方與供應商之間則是雙向的，構成採購活動的神經系統。

一般來說，採購計畫中包含三個領域，一個是原料產品尋源，另一個是原料產品生產加工，再一個是原料產品交付。我們知道，任何企業都不是孤立存在於市場中，而是存在於某個供應鏈下。關於供應鏈，曾經有過垂直整合和水平整合的爭論。

所謂垂直整合，是指企業力爭做到大而全，試圖包打一切，從上游原料生產，再到下游延伸的產業，都是自己來做。由於自己就是自己的供應商，所以對於供應商的概念比較淡化。比較典型的是，在二十世紀早期，福特（Ford）汽車曾經致力於垂直整合，一度從煉鐵廠到零組件，再到整車組裝以及銷售，都試圖集中在自己旗下，然而後來並未實行。

再往後，隨著社會分工的日益細分，垂直整合解體，水平整合興起，其中的典型表現是

外包盛行，企業的供、產、銷功能也不同程度的外包給供應商。例如，零組件來自於供應商，生產靠外包製造商，物流和銷售分別靠協力廠商物流公司，與協力廠商銷售公司；企業自身則是經營其具備核心競爭力的部分，比如產品策畫、設計、品牌締造等。儘管如此，產品品質和成本，還是越來越依靠供應商因素。在這種情況下，企業間的競爭不再只局限在企業之間的較勁，而是各自供應鏈之間的競爭。

舉例來說，A企業設計與研發出某款品牌產品，為了有效的占領市場，A企業在多年的**採購計畫與實施中，注重經營供應鏈**，這使得該企業在原料供應、產品代加工、銷售管道拓展等方面，均有出色的累積。B企業與A企業是競爭對手，但是B企業在供應鏈經營方面顯然不如A企業，這使得B企業的產品，在市場上常由於原料的零配件問題，而遭到投訴。

同時，A企業供應鏈經營得當，不僅保障了其品牌產品的品質，累積好口碑，還有效降低進貨成本，使得A企業在市場競爭中可以輕裝上陣，B企業由於未經營好供應鏈，則逐漸喪失市場占有率。可以說，供應鏈對企業日益重要，而企業的採購計畫，則是供應鏈經營的極佳途徑。透過有規則的採購，可以持續強化企業在供應鏈中的地位。

另外，隨著很多行業轉向外包戰略，使得外購額逐漸增長，在企業支出中所占比重越來越大，使得越來越依賴供應商，作為對接窗口的採購部門，其重要性也日益上升。我們以美國為例，越來越多企業設置採購長，這是因為有越來越多的業務外包給供應商，因此對供應商的管理、對供應鏈的經營也日益重要，甚至成為企業的生命線。

基於此，我們在制訂採購計畫時，一定要提升到供應鏈經營的思維層次。其實，從供應鏈經營的角度來看，**採購處於企業內部與外部的接合點**，在經營供應鏈中發揮著至關重要的作用。採購部門透過採購計畫和執行，對內管理需求，比如為設計的新產品尋找原料供應商，了解生產部門的量產需求等；對外管理供應商，像是選擇廠商，對其執行績效管理等。也就是說，採購部門以管理內外兩種需求來理順供應鏈，讓供應鏈變得更茁壯，從而提升企業的生命力和競爭力。

06 最適採購量的計算要考量七個變數

在實際工作中，有些企業會出現採購數量過多或不足的現象。數量過多，必然造成庫存過剩，既耗用採購資金，又增加了不必要的庫存空間；如果數量不足，則會直接影響生產經營的正常進行。因此，確定適當的數量，一直是採購人員追求的目標。

一般而言，適當的採購數量對於供需雙方來說，是一種健康狀態下的雙贏。那麼，我們該如何確定適當的數量？採購人員按照各部門請購單上的數字訂貨，是否就可以了？顯然不是，在確定採購數量時，要考慮如下一些因素：

1. 庫存量：

一般來說，每個生產經營中的企業，都會有一定的庫存。企業該擁有多少庫存，除了取決於經營方針外，還取決於材料或零配件的差異。一般來說，應該要盡可能精簡庫存，避免過多。

2. 消費量：

通常情況下，物品均有其相應的計量單位。對此，我們要根據生產中實際需要的數量，來確定相應的消費量。例如，水泥材料一般以袋來計量，則要根據實際工作中對水泥的實際需求量，來確定採購多少袋，如果需要的袋數不為整數，我們就要向上取整（例如，五．二和五．九就要向上取整，均為六），以充分滿足消費量。

3. 訂購次數：

在確定採購數量時，還要確定訂貨次數。例如，在採購價格低的貨品時，儘管花費不高，如每次採購幾支中性筆，但是訂貨次數卻挺多，填單、銷單等一系列手續很煩瑣，無形中增加了企業的時間成本。為此，我們可以預測某個相對較長的時間段，較為集中的採購，從而有效規避訂購次數多所帶來的麻煩。

4. 價格因素：

一般來說，採購數量越多，價格會越低，這是因為供應商在生產製造時，不需要更換模具，不必重新安排作業。採購方可以適當考慮這個價格因素。另外，市場環境的變化，也會導致價格波動。比如，在某個時期內，一些普通金屬（如鐵、銅、鉛等）、貴重金屬（如黃金、白銀、白金等）的價格有上漲趨勢，採購方就要把握機會、提前成批訂購，以免價格上

表2-1　採購管理費用常見項目

序號	項目	備註
1	採購費用	包括採購人員的薪資費、通信費、差旅費、交通費等。
2	議價費用	指與供應商討價還價付出的時間、金錢等費用。
3	庫存保管的費用	庫存保管的設備使用、搬運費用等。
4	庫存投資的利息	為採購貨物而付出的資金，用於投資可獲得的利息。
5	庫存占地的費用	倉庫建築物的維護、光熱費用等。
6	倉儲人員的費用	倉儲人員的薪資費用。
7	折舊	因產品老化、減耗等折舊而支出的費用。

漲、抬高購買成本。

5. 管理費用：

採購中的管理費用包含多個項目，我們可透過表2-1，詳加了解其中的常見項目。

由於採購工作及貨物儲存會產生這些費用，我們在實際工作中，一定要加強採購數量的合理性。

6. 資金狀況：

企業確認採購數量時，還要考慮自己的資金是否充裕。假如資金較為充裕，就可以適當考慮，將多項訂貨集中為一次，或少數幾次完成，從而形成規模優勢，以爭取更佳的價格優勢；假如資金較為拮据，就可以適當增加採購次數，這樣就會稀釋每次的採購數量，從而減少每次花費的資金。

7. 進貨週期：

在採購中，還要考慮到供應商制訂生產計畫時所需的時間，以及貨物運輸、驗收等環節花費的時間，從而確定合適的採購數量，避免因缺貨而影響企業正常生產經營。

最後，在考慮上述影響採購數量的因素時，我們還可以採用一些具體辦法，諸如經濟訂購批量法、固定數量法、固定期間法、逐批訂購法等。其中，經濟訂購批量法是指，為了使存貨總成本最低而訂購的數量。固定數量法是指，每次發出的數量基本相同，數量較為固定。固定期間法是指，每次訂單涵蓋的期間是固定的（如每兩個月的最後一週下一次訂單），但是每次的採購數量可能是變動的。逐批訂購法是屬於先前提過的MRP的一種訂貨技術，又稱為批對批法，是指訂購數量與每一期的淨需求量相同，避免留下不必要的庫存，很多企業都使用該方法。

就像一個人吃飯，吃多了會撐著、吃少了會餓著，吃得不多不少才是正好。同樣，企業的採購也講究「正好」原則，也就是要努力制訂最適當的採購數量。

07 擬訂採購預算——打聽材料行情、預估需求數量

採購部門在編制一定期間（如年度、季度或月度等）的採購計畫時，會產生相應的用款計畫，這就是採購預算。一般來說，可以憑藉採購預算來購買，和控制採購用款支出，財務部門則要據此籌措和安排所需資金，以完成採購工作。

在實際工作中，企業之間的採購行為，經常伴隨某些延期付款的方式進行，例如採用遠期信用狀、遠期本票或支票、承兌交單等付款方式。

其中，遠期信用狀是開證行或付款行收到信用狀的單據時，在規定期限內履行付款義務的信用狀，是一種運用於企業交易中的保證性文件。遠期本票是持票人只能在票據到期日，才能請求出票人付款的本票。遠期支票是相對於即期支票的稱謂，目的在於推遲付款日期，因此，遠期支票上載明的日期，往往在實際開票日之後，儘管遠期支票出於某種商業習慣，而約定延遲付款的日期，但它本質上仍是一種見票即付的支票，一旦支票到期，持票人便可持票要求出票人予以支付相應的款項。

承兌交單是國際貿易中常用的一種付款方式，指出口人在裝運貨物後開具遠期匯票，連同商業單據，透過銀行向進口人提示，進口人承兌匯票後，代收銀行便將商業單據交給進口人。在匯票到期時，進口人需履行付款義務。

上述幾種延期付款的方式，均可以在一定程度上推遲付款時間的到來。因此，在編制採購預算時，可以將預算分為到期與新購兩部分，這樣便可準確的估測付款時間，從而有助於在一定程度上合理安排資金。

採購部門在編制採購預算時，通常基於下述依據：

1. 計畫中的物料需用量：

這通常由生產計畫管理部門，在銷售計畫的基礎上，根據所編制的生產計畫，以及前期材料消耗和清單來計算得出。

2. 預估本期期末庫存量：

通常由從編制預算之日起，至本期期末期間的預計收入量，再減去同期預計發出量的計算確定。預估本期期末庫存量便是計畫期期初庫存量，這是確定計畫期期末庫存量的起點。

3. 估算計畫期期末庫存量：

根據生產計畫、銷售計畫以及其他市場資訊，推測出計畫期期末庫存量。

4. 計畫中的材料價格：

採購部門可以根據材料的當前市場價格，以及其他各種影響因素（如生產效率提高、市場供需關係變化等）來確定計畫中的材料價格，從而推測出預算費用。

一般情況下，採購預算中的內容，以企業生產經營所需的原材料、零組件、備用零件等為主，並列入相應採購項目的數量和金額。通常來說，企業制訂採購預算，會透過以下六個步驟來進行：

第一步，審查企業與各部門的戰略目標：採購工作是為了妥善的支撐企業與各部門訂定的目標，所以要想精準控制預算，不花冤枉錢，首先要明白預計實現的目標為何。

第二步，各部門制訂明確的工作計畫：採購是為了支持各部門的工作，所以，各部門要提出今後的工作計畫。

第三步，各部門確定所需的資源：一般而言，各部門要完成某些工作計畫，通常需要相應資源的支援。比如，生產部門在加工製造時，得有原材料可用，因此，各部門要確定工作中所需的資源。

第四步，各部門提出準確的預算數字：可根據以往的採購經驗、市場行情等因素，提出預算數字，並盡可能確保數字的準確性。

第五步，由採購部門匯總：匯總、分析與核實其他各部門的預算之後，並形成最終採購預算。

第六步，採購部門提交採購預算給企業領導階層和財務部門：提交的預算通過後，才可以執行。

採購支出在企業經營成本中占了很大的比重，而這主要透過採購預算來實現。因此，為了盡可能減少不必要的成本支出，在編制採購預算時，一定要確保預算的科學性、合理性。

08 採購計畫訂得好，控管不走樣才行

企業在編制採購計畫和預算時，一個重要的原則是「成本最小化，價值最大化」。雖然各個企業都很重視採購預算，然而在實際執行中，由於存在一系列不協調的現象，如漏報、空報、瞞報等，便難以如實、完整的貫徹預算，從而出現採購計畫難執行的現象。

在採購預算執行乏力的情況下，採購部門不是變相抵制預算執行，就是在預算的執行過程中隨意變更，甚至突破採購預算，出現賒帳、拖欠或私扣採購資金等行為，以致弱化採購預算的約束力，損害與供應商之間的正當關係，也影響了企業形象和聲譽。

此外，由於有些企業的採購預算其權威性和嚴肅性被藐視，使得預算在採購監督的管理流程中失控，影響了正當管理採購績效，並使得採購行為產生混亂，隨之影響了企業的生產經營。

為了確保如期執行採購計畫和預算，便需要有效的管理和控制，從而確保計畫在執行時不走樣。有鑑於此，以下著重在介紹**幾種控管的方法**。

1. 預測不準確時，務必檢討：

採購計畫通常基於某種預測，如果預測資訊不夠準確，據此制訂的計畫就會暴露出相應的問題。那麼，該如何提高預測品質？我們通常從兩個方面著手：一方面，我們可以對需求施行滾動預測（按：Rolling Forecast，為一種預測方式，對於未來某段期間〔例如十二個月〕持續預測的方式。每過一個月，就將已過月分的資料排除，再新增下個月的資料，維持固定的預測期間）；另一方面，要做好共用零件的預測。其中，滾動預測能使需求資訊更可靠的反映市場情況；共用零件是指供多種產品使用的零組件，因而其採購額往往會較大。

2. 訂定協作方式，以降低採購環節的不確定性：

主要是需要做到與供應商協同管理，統一採購計畫與供應商的生產計畫。一般來說，協同採購在合作強度上分為不同的層次，強度不同，經營模式也不同，依據合作重要性由強到弱的劃分，通常有「戰略夥伴模式」、「重要夥伴模式」、「大眾市場模式」等。企業透過**選擇與供應商匹配的協作模式**，可以有效降低採購活動的不確定性。

3. 經常校準MRP系統的參數：

企業在制訂採購計畫時，MRP是企業經常採用的方法和技術體系。在使用MRP體系時，要**合理設置相應參數**，如單位用量（指生產一個單位的母件，需要消耗的子件數量）、材料供應安全時間（不影響正常的生產經營時間）等，並經常性維護這些資料，以保證資料的準確性。

4. 安全庫存警示機制：

安全庫存可以有效的為生產發揮緩衝的作用，從而保證物料能支持生產計畫，這通常以前面提及的需求預測為基礎。

5. 加強採購部門與計畫部門的溝通：

採購與計畫都是依從企業整體戰略的管理活動。儘管採購部門與計畫部門有各自不同的目標，但是都統一於企業的整體目標。因此，這兩個部門要協同運作，從而使得採購計畫獲得各部門的支持。

最後，在制訂出採購計畫和預算時，還只是停留在紙上規畫階段，究竟能把採購做到什麼樣的程度，這離不開實際工作中的執行與貫徹。

範本一：採購申請單據

企業在制訂採購計畫時，通常會了解各部門對相應物料的申請狀況。因此，我們特別提供「採購申請單」和「採購變更申請單」，供大家參考。

採購申請單

（可用手機掃描 QR code 下載表格）

<table>
<tr><td>請購部門</td><td colspan="2"></td><td>請購日期</td><td colspan="2"></td><td>交貨地點</td><td colspan="2"></td><td colspan="2">單據號碼</td><td></td></tr>
<tr><td>項次</td><td>物料編號</td><td>品名</td><td>規格</td><td>請購數量</td><td>庫存數量</td><td>需求日期</td><td>需求數量</td><td>單位</td><td>單價</td><td>總價</td><td>技術協議及要求</td></tr>
<tr><td></td><td></td><td></td><td></td><td></td><td></td><td></td><td></td><td></td><td></td><td></td><td></td></tr>
<tr><td></td><td></td><td></td><td></td><td></td><td></td><td></td><td></td><td></td><td></td><td></td><td></td></tr>
<tr><td></td><td></td><td></td><td></td><td></td><td></td><td></td><td></td><td></td><td></td><td></td><td></td></tr>
<tr><td></td><td></td><td></td><td></td><td></td><td></td><td></td><td></td><td></td><td></td><td></td><td></td></tr>
<tr><td></td><td></td><td></td><td></td><td></td><td></td><td></td><td></td><td></td><td></td><td></td><td></td></tr>
<tr><td></td><td></td><td></td><td></td><td></td><td></td><td></td><td></td><td></td><td></td><td></td><td></td></tr>
<tr><td rowspan="3">會簽說明</td><td colspan="3" rowspan="3">主管</td><td colspan="4">採購部門</td><td colspan="4">請購部門</td></tr>
<tr><td colspan="2">經辦人</td><td colspan="2">申請人</td><td colspan="2">主管</td><td></td><td></td></tr>
<tr><td colspan="2"></td><td colspan="2"></td><td colspan="2"></td><td></td><td></td></tr>
<tr><td>分單</td><td colspan="11">第一聯，採購單位（白）；第二聯，財會部（紅）；
第三聯，請購單位（藍）。</td></tr>
</table>

採購變更申請單

<table>
<tr><td>請購部門</td><td colspan="2"></td><td colspan="2">原請購單編號</td><td colspan="2"></td></tr>
<tr><td>品名</td><td></td><td>規格</td><td colspan="2"></td><td>採購日期</td><td></td></tr>
<tr><td>變動內容</td><td colspan="6"></td></tr>
<tr><td>變動原因</td><td colspan="6"></td></tr>
<tr><td>聯繫電話</td><td colspan="2"></td><td colspan="2">經辦人</td><td colspan="2"></td></tr>
<tr><td rowspan="2">採購部意見</td><td colspan="2">採購專員意見：
簽字：</td><td colspan="2">採購主管意見：
簽字：</td><td colspan="2">採購經理意見：
簽字：</td></tr>
<tr><td colspan="2">日期： 年 月 日</td><td colspan="2">日期： 年 月 日</td><td colspan="2">日期： 年 月 日</td></tr>
<tr><td rowspan="2">財務部
核准意見</td><td colspan="3">經辦人意見：
簽字：</td><td colspan="3">經辦人意見：
簽字：</td></tr>
<tr><td colspan="3">日期： 年 月 日</td><td colspan="3">日期： 年 月 日</td></tr>
<tr><td>副總經理</td><td colspan="6">意見：
簽字（或蓋章）：
日期： 年 月 日</td></tr>
<tr><td>總經理</td><td colspan="6">意見：
簽字（或蓋章）：
日期： 年 月 日</td></tr>
<tr><td>備註</td><td colspan="6">1. 隨附資料：原採購請購書影本和已採購契約影本。
2. 本表一式四份，請購部門、採購部、財務部、總經辦各執一份。</td></tr>
</table>

範本二：採購計畫表和預算表

在實際工作中，企業制訂的採購計畫，最終體現為一系列的表格。接下來提供採購計畫和預算表，供讀者參考。

採購計畫

編號：

序號	名稱	規格	物資採購廠商	單位	計畫數	庫存數	採購數	要求到貨日期	備註

編制部門：　　　　批准：

採購預算表

製表部門：　　　　　　　　　　　　　預算期間：

物品名稱及規格	單位	單價	生產需用量	本月末計畫庫存量	上月末庫存量	預計採購量	預計採購金額	預估本期支付採購資金	預計支付前期欠貨款	預計支付本期貨款

審批：　　　　　　　　　　　　　　　製表人：

第3章

成功企業的背後，都有一群優質供應商

蘋果公司在全球共有七百九十三家供應商；小米公司公布的供應商數量有近三十家。任何有出色表現的企業，背後一定有優質供應商的傾力付出，兩者脣齒相依，採購人員直接接觸供應商，對於廠商的篩選與有效管理，可謂責無旁貸。

01 供應商怎麼找？

俗話說「貨比三家」，在採購時，要綜合比較究竟哪家供應商提供的貨最物美價廉，就得掌握較豐富的供應商資源。那麼，我們可以從哪些管道找到供應商？接下來就提供一些常見的管道。

1. 借助網路的資訊優勢：

在當今的網路時代，網路科技帶來的資訊優勢，是以往其他任何平臺都難以比擬的。例如，在網路的世界裡，我們透過百度、谷歌、必應等搜尋引擎，可以搜索到豐富的資料，包括數量龐大的供應商資訊。這是因為處於網路時代，幾乎每一個企業都不同程度的融入其中，我們透過挖掘網路上的資源，足不出戶就可以獲悉大量資訊。

另外，我們還可以**登錄一些產業網站**，從中尋找潛在的供應商。舉例來說，對於一個汽車生產廠商來說，可能需要蒐集相應的標準件（Standard Parts）生產廠商。可以造訪一些標準件產業的網站，從中獲得相關資訊。

2. 利用現有的供應商資源：

一般來說，企業都會匯總自己的供應商資源。採購方可以了解現有的供應商，以及其在行業中有哪些競爭對手。現有供應商的競爭對手，往往也可以作為採購方的備選廠商。同時，這還有助於供應商之間展開績效競爭，使得採購方獲得更好的價格和品質保障。

3. 參加產品展示會結識供應商：

如今，很多城市都會定期或不定期舉辦一些行業展會，採購人員可以到這些展覽上直接蒐集供應商的資訊，還可以直接接觸供應商人員與之交流。這樣有助於更認識供應商，同時豐富採購人員掌握的供應商資訊。

4. 透過協力廠商協會管道：

很多行業會成立相應的協會，這些**協會組織**往往集中了本行業內豐富的企業資訊。在尋找供應商時，要搞清楚目標廠商處於哪個行業之中，然後與這個行業的協會組織取得有效聯繫，請其推薦若干供應商名單。這種情況下，協會組織為了顯示自己在行業內整合資源的重要性和權威性，通常會幫忙推薦。然後，對於行業協會的推薦，採購人員可以跟進與溝通。

5. 徵詢企業內部的物料使用部門：

一般來說，企業內部最終使用物料的**工作人員，都會比較熟悉**若干種物料的特性與品牌資訊，採購人員可以從這些物料使用者，獲得相關廠商的資訊。那麼，該如何處理企業內部人員推薦的供應商問題？採購人員應該把內部使用者的建議，當成指定或是推薦嗎？對此，我們可以參考十六字方針，即「廣泛參與，以我為主，內部推薦，機會優先」；這樣一來，既尊重了內部使用者，同時又確保了採購的規範操作。

6. 閱讀專業性的刊物：

採購人員可以透過專業的報紙、雜誌蒐集相關資訊。這些刊物可以是電子形式的，也可以是紙本。一般來說，這些刊物會提供相應行業內的供應商資訊，使得採購人員蒐集的資訊較有方向性。

7. 臨時到訪的業務人員：

儘管現在越來越多的企業採用電話銷售、網路銷售等遠端銷售方式，但是傳統的登門拜訪式銷售，仍然不同程度的存在。再者，這種類型的銷售，有助於業務人員比較全面而直觀的與客戶交流，因而有著其他遠端銷售方式難以替代的獨特優勢。所以，一些供應商會安排其業務員直接拜訪客戶，以了解採購資訊。對此，採購人員可以從這些到訪的業務員身上，了解供應商的一些資訊。

在實際工作中，除了上述尋找供應商的管道和方式以外，還有很多其他方式，例如透過電臺、電視廣告、黃頁或電話目錄，發出公開徵求供應商的資訊等方法，也可以獲得供應商資訊。那麼，採購人員在蒐集了足夠數量的供應商資訊後，應該如何找到自己要找的廠商？這就是本書接下來要討論的問題。

02

填寫表格，篩選出最適合供應商

透過蒐集供應商資訊，相信採購人員手中，便會掌握足夠數量的資料。接下來的工作，就是從大量的供應商名單中，選出最適合的廠商合作。為了幫助採購人員在實際工作中，提高選擇供應商的效率，在此提供一個「三輪確定供應商」的方法。

第一輪篩選，讓所有供應商都填一張供應商基本資料（Supplier Basic Information，簡稱SBI）表，從中初步篩選出基本合格的廠商。透過該步驟，可以使採購方了解供應商的基本資訊。一般來說，供應商填寫了基本資料表，就意味著供應商和採購方之間存在著合作意願；如果供應商不填寫這張表，採購人員可以了解相關原因。

供應商基本資料表的格式，大致如左頁表3-1。

透過供應商填寫與回饋的供應商基本資料表，可以比較全面的了解廠商的基本情況，從而篩選出基本上合格的廠商。

第二輪篩選，讓在第一輪中篩選出的供應商，都填寫一份供應商自我評估（Supplier Self Assessment，簡稱SSA）表，進一步縮小範圍。這比第一輪的供應商基本資料表中的

表3-1　供應商基本資料表

填表人：　　　　　　　　　　　　　　　　　　　　填寫日期：　年　月　日

<table>
<tr><td colspan="6">供應商名稱（公章）：</td></tr>
<tr><td colspan="6">供應商編號：　　　　　所在地區：　　　　　縣　　　　市</td></tr>
<tr><td rowspan="5">聯繫方式</td><td>聯絡人</td><td colspan="2"></td><td>法人代表</td><td></td></tr>
<tr><td>手機</td><td colspan="2"></td><td>企業負責人</td><td></td></tr>
<tr><td>電話</td><td colspan="2"></td><td>地址</td><td></td></tr>
<tr><td>傳真</td><td colspan="2"></td><td>郵遞區號</td><td></td></tr>
<tr><td>E-mail</td><td colspan="2"></td><td>網址</td><td></td></tr>
<tr><td rowspan="8">企業基本狀況</td><td>企業性質</td><td colspan="2"></td><td>企業註冊時間</td><td></td></tr>
<tr><td>登記資本總額</td><td colspan="2"></td><td>營業執照編號</td><td></td></tr>
<tr><td>占地面積</td><td></td><td>場地性質：
☐ 自建
☐ 租用
自建場地地產權證／租用契約證件：</td><td>稅籍編號</td><td></td></tr>
<tr><td>工程人員數</td><td colspan="2"></td><td>開戶銀行名稱</td><td></td></tr>
<tr><td>品管人員數</td><td colspan="2"></td><td>銀行帳號</td><td></td></tr>
<tr><td>企業總人數</td><td colspan="2"></td><td>發票類型</td><td></td></tr>
<tr><td colspan="2">經營範圍及主要產品／代理產品</td><td colspan="3"></td></tr>
<tr><td colspan="2">基本生產能力</td><td></td><td>供貨週期</td><td></td></tr>
</table>

（接下頁）

（接上頁）

設備狀況	設備分類	設備名稱及規格產地	數量	設備名稱及規格產地	數量
	主要生產設備				
	主要檢測設備				
產品代理商填寫		代理產品授權證明： □ 有 □ 無		產品生產廠商的全套藍圖： □ 有 □ 無	
		能夠提供代理進口產品進貨證明： □ 報關單 □ 收貨單			
		代理產品國內所屬級別： □ 一級代理（總代理） □ 二級代理 □ 三、四級代理			
		代理進口產品中光被動元件占銷售額比例（%）：		提供產品銷售廠商名單： □ 有 □ 無	
品質體系		品質手冊： □ 有 □ 無		體系文件： □ 有 □ 無	
		作業流程： □ 有 □ 無		文件紀錄： □ 有 □ 無	
		認證資質：		品質方針：	
其他					
評審意見		採購部門		品管部門	
		負責人		確認人	

內容更為詳細和有目標性。供應商自我評估表的格式大致如表3-2。

透過供應商自我評估表，可以進一步從中篩選出符合要求的供應商。至此，我們可以看到，在前面兩個步驟中，供應商的資訊和評估，主要是由廠商自己來做的，接下來要由採購人員進一步評估供應商。

第三輪篩選，則是建立一個供應商評估模型，從上一輪篩選出的供應商中，確定要找的供應商。為了篩選出最適合採購方要求的合作對象，採購人員接著要綜合評估前兩輪篩選出的廠商，主要可參考八項指標：

第一，品質：包括產品層次上的品質，產品要達到預期的性能指標或相關標準的指標，產品的特性要滿足顧客的

表3-2　供應商自我評估表

填表人：　　　　　　　　　　　　　　　　填表日期：　年　月　日

單位名稱		註冊地址		企業性質	□個體 □私企 □集體 □合資 □國有 □其他
強制性許可證件		組織機構代碼		企業規模	
聯絡人		聯繫方式		其他聯繫方式	
供貨方式	□廠商直接提供 □代理商 □零售　□其他		運輸方式		
付款方式	□預付訂金 □先付款後發貨		□分批結算 □預留品質保證金		□貨到付清

（接下頁）

（接上頁）

評估項目	評估標準	是或不是
品質	1. 驗收相關證件（合格證、鑑定報告等）是否齊全？	□是 □不是
	2. 使用過程是否出現嚴重缺陷？	□是 □不是
	3. 退貨、換貨以及不合格品處理的效果是否達標？	□是 □不是
價格	1. 價格波動性：近1個年度同一產品價格波動是否較大？	□是 □不是
	2. 付款比例：是否可以接受前期款、中途款、尾款分比例的付款方式？	□是 □不是
交貨能力	1. 是否能按期交貨，數量是否準確？	□是 □不是
	2. 出現品質問題的處理反應能力是否及時？	□是 □不是
服務	1. 資金暫時不到位時，是否積極按期繼續供應？	□是 □不是
	2. 是否通過 ISO 9000 認證？	□是 □不是
	3. 是否有計畫性、主動的追蹤回訪？	□是 □不是
信譽	是否出現媒體負面新聞？	□是 □不是
道德	1. 行政人員、管理人員和員工都知曉勞動相關法規賦予的法律和職責嗎？	
	2. 是否實施用來辨別對員工健康和安全的特殊危險，以及防止發生工作傷害事故的體系嗎？	
	3. 公司是否有適當的體制對應所有業務活動的反貪腐／反賄賂？	
	4. 公司是否制訂對待童工、女員工，以及關於歧視、強迫勞工、工時、報酬、工作條件、健康和社會福利設施、安全、結社自由以及集體談判等方面的社會責任標準？	
	5. 有個人資料檔案嗎（例如：身分證和工作契約的副本）？	
	6. 備有時間記錄系統（例如：出勤表、打孔卡和計時卡），用來登記每位員工工作日的開始和結束時間嗎？	
	7. 員工有工資單嗎？	
	8. 有薪資清單嗎？	
	9. 有關於健康和安全培訓（如防火培訓）方面的培訓紀錄嗎？	
	10. 有關於正在使用中的有危害化學品的文件證明嗎（尤其是涉及物料安全的數據表）？	
	11. 有急救資格方面的證書嗎？	

要求等；現場生產線的品質，如果沒有好的過程，不可能生產出高品質的產品，過程品質是產品品質的一個重要保障；管理的品質，如是否符合 ISO 9000 品質體系等。

第二，成本：價格要有市場競爭力，還要讓總成本最小化，就是要優化訂單、處理、物流、檢驗、庫存、品質成本等。

第三，交期：要能準時交貨、及時交付，具備有效的災難應急計畫等。

第四，技術：關於技術的考量，具有一定的相對性，採購方需要了解自身的技術狀況，對技術的具體需求，以及採購中誰提供技術支援等問題。

第五，回應和靈活性：包括快速回應訂單、足夠的產能等。

第六，管理和財務：包括公司組織的穩定性和人員管理、財務健康等。

第七，可持續性：包括守法、環保、安全、勞工保護、慈善事業等。

第八，服務：主要包括供應商的服務意識、綜合服務能力。

一般來說，透過上述的三輪篩選，基本上可以確定企業所需的供應商。採購人員在實際工作中，還要多練習與體會。

03

處理供應商關係的八字方針：分類、減少、開發、扶持

平常談到處理供應商關係時，或許常會聽到以下的類似說詞：「我們與供應商的關係是雙贏的合作夥伴關係。」、「面對二十一世紀全天候的戰略合作夥伴關係。」這些說法的確表達出了企業希望與供應商打好關係的期望。那麼，到底該怎麼做，才能實現這種期望？在此，我們提供八字方針供各位參考。

這個八字方針就是：「分類、減少、開發、扶持。」其中，分類是基礎，在這項基礎上「分而治之」，後面六個字——減少、開發、扶持，便是針對不同類型的廠商，所採取的相應策略。

在分類供應商的問題上，根據採購金額與供應風險兩個角度，將供應商分為四類，如左頁圖3-1所示。

在圖中，採購金額的大小比較好理解，也比較直觀。供應風險主要表現在五個方面，即品質表現、產能保障、技術配套、資金實力和管理水準，這五個方面在不同程度上影響採購

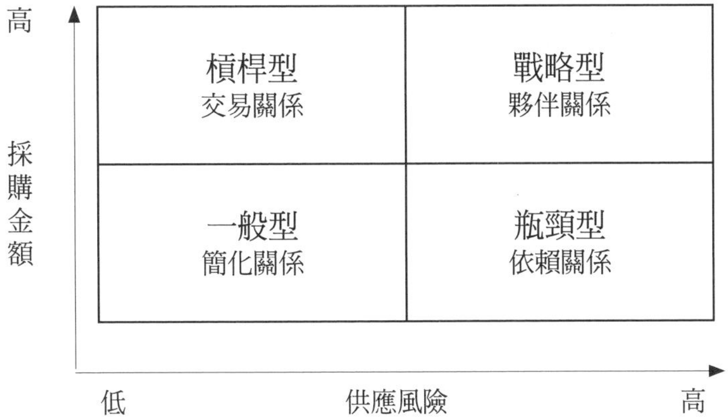

圖3-1　供應商的分類

方的生產經營。根據採購金額和供應風險兩個角度來劃分，**一般型供應商**的採購金額不大，對採購方造成的風險也較低，這類供應商通常提供MRO（Maintenance, Repair & Operations，即是指維護、修復和運行，指在實際的生產過程中不直接構成產品，只用於維護、修復、運行設備的物料和服務）類的產品，例如辦公用品與設備、日常勞工安全防護用品、低價耗損品等。一般型供應商提供的物料，往往不會直接構成產品必要的組成部分，對於採購方來說，主要是**簡化採購**，**盡可能降低不必要的成本**。

槓桿型供應商主要落在採購金額大、但是供應風險小，這類供應商有三個顯著特徵，即**標準件、相似程度與競爭性。他們通常提供標準件**，所以產品的相似程度較高，也使得其面臨的市場競爭比較激烈。由於槓桿型供應商提供的物料占用採購金額大，採購方如果能夠有效降低採購費用，就可以大幅降低企業的生產成本，從而發揮明顯的槓桿作用。所以，採購方與槓桿型供應商之間的突出表現為交易關係，在**保證品質**的前提下，價格越低越好。

瓶頸型供應商主要是**採購金額小，但是對採購方造成的供應風險卻比較大**，這類供應商也具備三個顯著特徵：非標準件、訂製，與壟斷性。他們通常提供非標準件，產品相似程度低、難以模仿，而且常常是採購方訂做的或有特殊要求的，這使得該類供應商提供的物料或服務，具備壟斷性的特點，這種壟斷往往由技術、政策、行業等方面形成。對此，可供採購方選擇的貨源不多，同類產品之間的差異也較大，採購方為了滿足生產經營需要，還得把這些產品買回來。對於這類供應商，主要是致力於降低供應風險，保障正常供應。

戰略型供應商是指採購金額大、供應風險也很高的廠商。他們通常提供戰略型物資，對產品的**品質**、**成本以及交貨保障都十分重要**。為此，採購方甚至不惜犧牲短期利益，少賺錢甚至不賺錢，也要與此類供應商長期合作。因此，戰略型供應商才是企業的戰略合作夥伴，也是企業致力於長期發展的夥伴關係。

在將供應商如上述的分類之後，接下來就是對不同類別的供應商「分而治之」了。其中，**減少主要是對一般型和槓桿型廠商而言**。對於一般型供應商，企業重在系統合作，簡化採購流程，減少交易活動，降低交易成本；對於槓桿型供應商則是執行集中採購、批量採購，實現規模效應，從而使得槓桿作用最大化，最終降低採購價格，處理與槓桿型供應商關係的核心，是執行集中採購。

在這裡，集中採購包括三個層次，分別是物料採購向採購部門集中；標準化產品的採購向單一供應商集中，發展單一供應商；不同產品的採購向同一個供應商集中，發展整合供應商，實施整合採購，從而更大程度的降低採購成本。

開發是針對瓶頸型供應商而言。為此，採購方主要採取發展後備、尋找替代，不斷的尋求新材料、新貨源、新技術，以及了解價格趨勢，在累積了更多備選名單之後，有利於採購方打破瓶頸型供應商的壟斷，或者增加談判籌碼，從而降低供應風險。

扶持針對的是企業的所有優質供應商，重點是戰略型供應商。其實，採購方的扶持，更大程度上是對廠商的認可與鼓勵，從而幫助廠商從優秀到卓越，致力於發展長期共贏的合作夥伴關係。

只要善用八字方針，就能積極促進採購人員，在工作中正確處理與供應商的關係。

04 採購的大忌：被供應商牽著鼻子走

在實際工作中，一些採購新手經常在供應商面前顯得不夠主動，無法辨別對方承諾的真假及合理與否，結果被搞得很被動。對此，我們認為採購人員一定要提升應對廠商的能力，切忌被牽著鼻子走。

說個故事。小王大學畢業不久，應聘到一家公司擔任採購員。由於公司準備採購一批畫冊送給一些客戶，以維持良好的顧客情感聯繫，小王便受命採購這些畫冊。他在網上多方搜索與聯絡後，初步確定向一家供應商採購畫冊。這家供應商的老闆能言善道，和小王稱兄道弟，並聲稱與他一見如故，還說明了自己如何給他最低的價格、最好的品質，並說這樣的價格，換成別人一定不會賣。就這樣，小王在供應商的滔滔不絕中，自己做主，以每本畫冊七元的價格，向該廠商採購五萬元的貨。同時，供應商以杜絕賒欠為由，催促小王快速辦理完付款手續。

然而，當小王採購的這批畫冊送到公司後，公司內的其他同事卻告知，這些畫冊的市場單價不過一元多，並提供小王其他幾家供應商去詢價，果然是一元多的價格。當小王詢問供應商，價格差距為什麼這麼大時，對方卻一口咬定自己賣的畫冊成本高，價格也是合理的。由於小王當時看供應商與自己談得很真誠，就沒有和對方簽訂採購契約，因此一時無法制約對方。經過這件事，公司的領導階層對小王有了些看法，希望他如實交代與供應商的關係，並以他不適合做採購為由，暫時將他調到其他部門。小王後來回憶起這件事時，意味深長的說：「採購人員千萬不要被供應商牽著鼻子走！」

其實，採購人員除了不要被類似上述新合作的供應商牽著鼻子走，對於已有過合作關係的廠商，也不能偏聽偏信，以防造成採購失誤。

二〇一四年，與麥當勞合作二十二年之久的福喜集團，旗下數家加工廠由於長期使用過期肉類，而且內設兩套帳本，致使福喜集團釀成過期肉食品安全醜聞，直接影響了集團的正常經營，導致損失慘重。由於福喜集團還長期為麥當勞、肯德基、星巴克、必勝客等知名餐飲品牌供應肉類食材，使得這些餐飲品牌的經營也隨之受到影響，出現營業額下滑，甚至影響品牌聲譽。

人們在分析福喜的醜聞時發現，由於供應商福喜公司與麥當勞等餐飲品牌合作多年，使得採購方在產品開發、品質檢驗方面，都非常依賴供應商，於是在不知情的情況下，習慣使用福喜某工廠提供的問題原料。

由此可見，不管是對新供應商，還是對老供應商，採購方均應進行必要的市場調查、產品檢驗、契約簽訂等工作，從而嚴控採購中的風險。身為採購人員，要避免憑個人喜好與感受，處理與供應商之間的關係，而是要側重照章辦事。同時，採購方企業也要加強對採購的制度化管理。

一般來說，在企業生產經營中，供應商就是資源，而採購人員一定要用好、管好資源。如果管不好，就可能讓企業經營受挫。因此，在處理供應商關係時，務必要發揮主動性，避免聽信廠商單方面的話，防止釀成不必要的後果。

05 不斷考核供應商績效，是在幫自己

美國著名管理學大師彼得．杜拉克（Peter Drucker）說：「沒有考核就沒有管理。」誠然，採購人員要想有效管理供應商，就離不開相應的績效考核。在這方面，採購方要持續不斷的透過績效考核監督供應商，看其能否實現預期效果，同時也可以鑑別新供應商，看其潛力能否達到採購方要求的水準。

其實，採購方考核供應商，主要是為了掌握對方的經營概況，從而確保其供應的產品品質符合企業的要求，還可以協助對方改善品質，以提高其保質、保量的交貨能力。為了能有效考核供應商，採購方可以根據實際工作中的需要，**設置不同的考評項目**，從而提出相應的評分體系。我們以下頁的評分表格為例：

在對供應商的具體考評中，我們會參考一些績效指標。例如，在對供應商所提供產品價格的合理性考評上，可以根據同類材料在市場上的最低價、最高價、平均價，計算出較為標準、合理的價格，然後與供應商的報價比較。

在考評供應商所提供產品的品質時，通常有批退率、平均合格率與總合格率三種計算方

表3-3　供應商評分體系表

序號	項目	評分時間和次數
1	交貨品質	根據具體的交貨狀況，採取每批貨評估一次，或每隔一段時間（月度、季度等）評估一次。
2	配合狀況	指供應商是否積極配合採購方的正當要求，一般是每隔一段時間（月度、季度等）評估一次。
3	管理體系	一般是根據國際通行的ISO 9000體系要求，每隔一段時間（半年、一年等）評估一次。
4	其他項目	視具體內容而定，如把價格因素納入評分中，每隔一段時間（季度、半年等）評估一次。

法。其中，批退率是採購方根據某固定時間段內（如一個月、一季度、半年、一年等）供貨方交貨多少批，採購方退貨多少批而計算出來的，其計算公式為：

批退率＝判退次數÷交貨次數×一〇〇%。

例如，某供應商半年內交貨五十批次，判退五批次，其批退率為一〇%（5÷50×100%＝10%）。供應商批退率越高，意味著其品質越差，得分也就越低。

平均合格率是根據供應商每次交貨的合格率，計算出某固定時間段內，交貨合格率的平均值，以判定對方的產品品質優劣。其計算公式為：

平均合格率＝各次合格率之和÷交貨次數×一〇〇%。

例如，某供應商在一個月內交貨三次，其合格率分別為九二%、八九%和九五%，則其平均合格率為九二%（〔92%＋89%＋95%〕÷3×100%＝92%）。供應商的平均合格率越高，表明其品質越好，得分越高，反之則越低。

總合格率一般指供應商交貨總量中的合格率，其計算公式為：

總合格率＝總合格數 ÷ 總交貨數 ×一〇〇%。

例如，某供應商一年內共交貨一百萬件，總合格數九十八萬件，則其總合格率為九八%（98÷100×100%＝98%）。供應商的總合格率越高，表明其品質越好，得分越高，反之則越低。

我們還可以採用交貨率與逾期率來考評供應商。其中，交貨率是指採購方所訂購的貨物中，供應商是否足額配送；逾期率是指供應商在交貨時是否逾期。這兩個指標的計算公式分別為：

交貨率＝送貨數量 ÷ 訂貨數量 ×一〇〇%。

逾期率＝逾期批數 ÷ 交貨批數 ×一〇〇%。

其中，供應商交貨率越高，則得分越高；逾期率越高，則得分越少。

此外，還可以透過配合度指標來考評供應商的服務品質。對於採購方的正當要求，供應商配合得越好，表明其服務越好、得分越高，反之則越低。

我們不妨對各考評指標分配以不同的權重，令其總分為一百分，從而評價供應商整體績效的好壞，如下頁表3-4所示。

透過上述方法考評供應商後，分別給予其獎勵或懲罰。對於合格、優良的供應商，可以確定為重點合作夥伴；對於不符標準的供應商，甚至可將其剔除出合作夥伴之列。

表3-4　供應商績效考核分數表

評比項目	滿分	評估分數			
		供應商 A	供應商 B	供應商 C	供應商 D
價　格	15				
品　質	60				
交貨情況	10				
配合度	10				
其　他	5				
總　分					

06 太常更換供應商，顯示採購有問題

俗話說：「一朝天子一朝臣。」有些公司隨著採購人員的更換，往往會淘汰既有供應商，隨之更換為新進人員認可的新廠商。某種程度上來說，更換供應商或許在採購方面，能為企業帶來新的發展契機，但正如黑格爾（Georg Wilhelm Friedrich Hegel）所說：「存在的必有其合理之處。」因此，採購人員在淘汰供應商的問題上，需要慎重以對。

一般而言，採購人員在走馬**上任之初，不建議輕易更換既有的供應商**，除非其在績效考評方面有不可饒恕的原因，例如品質、交貨、價格等方面出了問題。其中的原因很簡單，已有的供應商大多經歷過與採購方的磨合期，對採購方的各種要求、流程、體系都較為理解。若貿然引進新的廠商，來替代原供應商，採購方不可避免的要與新廠商經過一般短則數週、長則數個月、甚至**超過一年的磨合期**。

民間有句諺語說：「家有一老，勝似一寶。」既有的供應商在某種程度上，會對採購方發揮積極的作用。比如，對於一些製造業的公司而言，儘管有藍圖、規範，看似每一家供應商拿來就可以做，然而在物料加工中，最新的變動資訊未必與這些藍圖、規範完全一致，供應商一般會在正式發布的藍圖上修改。這樣的話，在採購方更換了新的廠商後，雖然新的廠

商能按圖加工，但做出的產品卻不一定能滿足採購方的最終要求，進而影響正常交貨。

在供應商管理的問題上，如何淘汰供應商一直是人們關注的焦點，其實這是一個誤解（在此指長期形成的錯誤認識做法）。一般來說，在這個問題上，藉由績效考評、淘汰不符合要求的供應商，是有理、有據、有節的；而對於可以進一步提高服務品質的對象，則應當努力與他們共同發展、攜手前進，這樣才能獲得廠商的有力支持。在淘汰供應商的問題上，切忌情緒化。

在供應商管理上，淘汰不應成為「主旋律」，否則兩者之間就難以建立合作的基調。如果採購方不希望與廠商合作發展，**常常想著換掉現在的廠商，那麼對方在合作時，往往就不會全力以赴**，甚至會減少在採購方這裡付出的時間和精力。這樣，供需雙方就難以建立彼此信任的合作關係，一旦雙方之間互不信任，將極不利於開展後續合作。

再者，如果採購人員熱衷於淘汰已有的供應商，企業同樣熱衷於此，必然導致已有的廠商被淘汰，但是經過若干時間以後，新進入的供應商又變成了已有的老合作夥伴，又要面臨被淘汰的下場，以辭舊迎新。這樣一來，會導致企業在選擇方面投入不足，即便解決了老問題，新問題又會成為老問題。周而復始，企業會頻繁陷入這種吃兩遍苦、受二次罪的惡性循環，其結果必然不利於健康發展採購環節。

從某種程度來說，**熱衷於淘汰供應商的人，要麼是對採購工作不熟悉、缺乏理性的發言權，要麼是別有用心**。對此，企業應予以關注。

總之，供應商是否該被淘汰，要由客觀公正的績效考評結果來決定，而不應該依據個人的情緒而定，個人情緒更不應該成為指導供應商管理的方針。採購方最終與對方發展的關係，應該是互相尊重、扶持與雙贏的合作關係。

07 交貨期要準時，靠監督而不是逼供應商盡力

自古以來，在用兵方面有個老規矩，那就是「兵馬未動，糧草先行」。其實，在企業的生產經營中，往往也需要上游供應的原料來生產加工，如果在採購中無法保障交貨期，就會影響企業正常的生產經營。

儘管交貨期對企業的經營非常重要，然而實際上，有些企業在交貨期管理方面，還是存在不盡如人意之處。舉例來說，有家企業研製的新產品上市發售後，廣受好評，企業隨之接到經銷商更大筆的訂單。這時，企業正待開足馬力生產，卻發現預期訂購的原料未按時到貨、無法繼續生產，需要等原料到達才能生產。由於市場反應速度快，其他類似產品開始出現。當這家企業終於等到原料交貨後，已經延遲了一段時間。商場如戰場，此時這家企業在市場上不再獨領風騷，出現了競爭對手，也喪失早期擴大市場、搶占市場占有率的良機。這個例子反映了交貨期延遲，會帶來不利的局面。

那麼，採購方如何才能確保供應商的交貨期？接下來將提供幾種解決辦法，既包括對廠商自身情況的要求，也包括採購方應做的努力。具體如下：

1. 供應商的交貨期是否「可執行」？

在實際工作中，有些採購是急件，超越供應商正常的生產和交貨能力。在這種情況下，對方一般不能按時交貨，也說明這樣的交貨期具備不可執行性。這時，如果片面強調盡快交貨的重要，並且帶有強迫意味的話，**供應商一般會說「試試看」或者「我盡力」，結果往往難以按照採購人員的主觀交貨期交貨**，由於供應商也並未承諾超出自身能力的範圍，最後往往不了了之。因此，採購人員應該和對方共同商量出可執行的生產計畫，然後雙方簽字，以作為正式承諾。

2. 供應商是否「能執行」？

這裡的能執行，主要是具體考察供應商的技術和管理能力。例如，能生產哪些類型的產品，以及良好掌控生產數量。這往往與供應商的產能、生產組織系統、回饋系統密切相關。

3. 供應商是否「願執行」？

一般來說，如果採購方不是供應商的大客戶，需求量也少，那麼就還要為採購方調整生產計畫；在這種情況下，對於在交貨期方面的強調，供應商可能會有不願執行的傾向。另外，還有一些企業拖欠貨款，卻寄希望於對方繼續按期交貨，那麼對方自然不願意再用心服務。在確保交貨期時，採購方還要考慮供應商是否願執行的問題。

4. 採購契約中是否存在「必執行」？

在與供應商簽訂的採購契約中，採購方要明確規定交貨期的條款，如果對方不能按時交貨，會有什麼樣的懲罰措施。這些懲罰措施可以包括支付違約金，或者採購方延遲付款，或者以後減少訂單等。需要注意的是，這些懲罰措施要符合相關法律及法規的規定。

5. 採購人員是否監督供應商執行？

一般來說，即便供應商的領導階層已經交代了按期交貨的命令，供應商的實際執行人員未必會不打折扣的去執行。也就是說，承諾採購人員的，可能是供應商的業務員、業務經理，甚至總經理，但這些做出承諾的人，往往不是直接操作業務的人。在這種情況下，一旦交貨延遲，採購人員還是難逃採購不力的評價。為此，採購人員要監督供應商交貨，多與供應商具體操作部門的人員聯繫，了解交貨的最新進展。

能否按時交貨不僅會影響採購方對供應商的評價，也會影響採購人員在本企業內，工作能力強弱的評價，為此，採購人員和供應商都要努力落實交貨期。

08 產品開發期採購就得參與，以免計畫趕不上變化

早期供應商參與（Early Supplier Involvement，簡稱ＥＳＩ）指的是，**採購人員在產品開發階段，就應該參與其中，從而提供相應的供應商資訊供公司參考。**

舉例來說，在企業經營中，通常是先設計產品，接著再進行市場調查，取得銷售訂單，然後開發產品，再採購、生產、交付。這種營運方式，會因為多家對手參與競爭，而遲遲拿不到銷售訂單；等到好不容易拿下訂單，往往已經過去了一段時間。此時，產品開發週期不便壓縮，生產製造週期也不便壓縮，工藝要求、產品的交付週期也不能隨便改，否則客戶會不答應。這時，企業就只能盡力壓縮採購週期，採購人員又只好去壓縮供應商的交貨期，於是，供應商變得特別急，在其內部又面臨這樣的循環施壓。

面對上述情況，就可以採取讓採購人員帶著供應商的資訊、早期介入的方式。這樣一來，企業在研發某款產品時，負責採購的人就可以獲悉需要尋找什麼樣的廠商，也便於廠商提前做好準備。實際上，ＥＳＩ對採購方和供應商均有利。

其中，ＥＳＩ對採購方有利的方面，包括有效縮短產品開發週期、降低開發成本和採購成本。據統計，實行ＥＳＩ的產品開發項目，開發時間平均可以縮短三〇％至五〇％；同時，供應商的專業優勢，還可為產品開發提供性能更好、成本更低，或通用性更強的設計，以及幫助採購方簡化產品的整體流程設計，還可以使採購方減少尋找供應商而花費的成本；由於供應商在其所處領域更為專業，因此可以提供更可靠的零組件，從而改進整個產品的性能，也有效避免零組件問題造成的產品品質不穩定。

ＥＳＩ對供應商有利的方面，包括使對方提前熟知客戶的要求，從而使其憑藉自身的專業優勢，比其他同類供應商更能獲得客戶的認可；再者，對方可更為直接、深入的了解客戶需求，從而進一步提高自己的開發水準，以保持領先或獨特的地位，並使客戶享受到由供應商進步帶來的優質成果。

舉例來說，號稱「世界上最安全的汽車」的生產廠商富豪（VOLVO），在產品開發過程中就要求採購早期介入，並根據需求邀請供應商早期介入，從而較妥善的達到汽車零組件的生產準備保證，確保了及時交付零組件，在很大程度上保證產品的供應和品質。

一般來說，ＥＳＩ大多涉及戰略合作問題，**並非所有的廠商都適合**。那麼，適合早期參與的供應商，應該滿足什麼條件？

第一，共同的戰略目標。假如供需雙方在資本層面合作，比如相互參股，或者存在合併與收購情形，那麼在業務層面就必須展開早期合作，以增進供需雙方的了解和信任。

第二，採購的迫切需要。對於一些製造業的企業而言，為了強調產品設計與研發的核心能力，往往選擇剝離非核心業務，並將這些非核心業務外包。這時，企業為了確保零組件環節不出問題，一般會邀請有實力的供應商參與早期設計。

第三，供應商要具備一定實力。我們以汽車行業為例，通常有一級供應商、二級供應商之分。比如，生產動力系統（如引擎）、電子控制系統（如車載電腦）、空調系統的供應商為汽車整車廠的一級供應商。相對的，二級供應商則是供應一級供應商產品或服務（如供應螺絲釘等標準零組件）。由於很多廠商手中掌握著核心技術，汽車整車廠在規畫和研發車輛時，往往就需要這些一級供應商介入，以探討方案的可行性問題等。

簡言之，企業實施採購和供應商早期參與，並且明確釐清不同階段的相應職責，有利於縮短開發週期，改善成本和品質，提升採購效益。

09 庫存物料用了才付、不用不付錢：ＶＭＩ模式

供應商管理存貨（Vendor Managed Inventory，簡稱ＶＭＩ），在銷售領域的說法叫做寄售。在汽車行業，普遍採用ＶＭＩ的庫存管理模式，也就是說，放在汽車車廠的原料庫存，不記錄在車廠的帳目上，而是記錄在原料供應商的帳目上。放在車廠那裡的原料庫存，車廠按照使用量向供應商支付貨款。正是因為ＶＭＩ的這個特點，有些西方的企業還稱其為「Pay On Usage」，即用了再付，言外之意就是不用不付錢。

那麼，企業採用這種庫存管理模式，對於雙方有哪些好處？通常來說，**對於採購方而言，可以實現零庫存；對於供應商而言，可以減少庫存空間**。不僅如此，ＶＭＩ還會對供應商形成某種激勵作用，促使他們想方設法提高產品品質，降低產品成本。

舉例來說，假如一個採用ＶＭＩ的企業，其庫存分為原料庫存、在製品庫存和成品庫存，那麼該企業會最注重哪一種庫存？一般來說，會尤其注重成品庫存。這是因為，成品可以拿到市場上直接銷售、轉變為現金，從而改善企業的現金流，所以普遍會關注成品庫存的增減。在正常情況下，成品庫存增加得越多，意味著耗用企業的資金越多；成品庫存減少，

一般意味著成品在市場上轉成現金，或者發揮了現金的作用。

相對而言，採購方庫存裡的原料則是供應商的產品，因此供應商會格外關注這些產品，包括為對方提供高品質、價格合理的原料產品，以促進採購方使用。只有這樣，廠商才能獲得相應的貨款。假如企業所在的供應鏈中，每個成員都有將產品做得物美價廉的意識，就能有效降低整個供應鏈的成本。

在實行ＶＭＩ模式之前，供應商總是盼望採購方買得越多越好，便可以獲得更多的銷售收入；然而在實行ＶＭＩ模式之後，儘管供應商把貨送到採購方的倉庫裡，但是對方不會直接付款，要等到使用後才付款。在這種情況下，供應商就會認真的與對方確認，諸如：「你要這麼多貨，能用得了嗎？」不僅如此，供應商還會研究大的市場環境，了解對方的生產計畫，以及ＶＭＩ還有多少庫存。在這種模式下，由於堆放在採購方那裡的原料庫存，仍記在供應商的帳上，供應商就會主動努力降低庫存。

其實，ＶＭＩ這種模式，與銷售中的寄售有相似之處。例如，供應商把貨品放進一家商店，並與商店約定：貨賣出去後，商店再從中抽取一部分佣金，並把貨款剩餘部分交給供應商；若貨賣不出去，商店則不用支付貨款，同時，放在商店裡的貨物，還屬於供應商所有。如果我們用ＶＭＩ的思路來看的話，商店相當於實施ＶＭＩ的一方，供應商則相當於寄售。

在實際工作中，**當採取這類模式時，雙方要約定好相關事項。例如，貨物從供應商處運**

輸到採購方那裡，運輸費用要由誰承擔？貨物在採購方存放期間，**如果貨物丟失或者發生火災等事故，雙方誰來承擔責任？**這些問題在採用ＶＭＩ模式時，都要提前溝通清楚。

另外，如果採用ＶＭＩ模式，從原則上說，貨物的所有權屬於供應商，並有權處理這批貨物的歸屬。假如貨物在採購方倉庫存放期間，供應商將這筆貨物轉賣給其他客戶，又該怎麼辦？一般來說，這種情況不會發生，或者是經由原供需雙方，在合作協定框架內溝通進行。畢竟雙方採用ＶＭＩ模式，是基於對採購方需求的較精準預測。再者，這些問題也都會在合作時，透過條款清楚規定。

最後也提醒讀者，在採用這類模式時，供需雙方要對彼此有較深入的了解，以免其中任何一方受到不必要的損失。在展開ＶＭＩ合作之前，宜簽訂釐清彼此權利和義務的協議，以保障合作正常開展。

10 如何對待供應商：獵人模式 vs. 牧人模式

長久以來，在採購方對待供應商的關係上，存在著獵人模式與牧人模式。這兩種模式有何含義？我們不妨從汽車行業說起。

美國有個著名的汽車之城就是底特律。美國本土三家最大的汽車生產廠商：通用（General Motors）、福特和克萊斯勒（Chrysler）就從底特律誕生。在很長的一段時間，底特律的興衰與汽車工業緊密相連，尤其是與上述三大汽車廠商的經營狀況有關，因為這三大廠商的總部就位於底特律，並吸納了當地大量的就業人口。

二〇〇九年，美國克萊斯勒、通用汽車公司提交破產保護，面臨清算重組。福特汽車雖未提出破產保護，但是在經營方面也遇到重重阻力，福特汽車先是將捷豹（Jaguar）、荒野路華（Land Rover）品牌賣給印度塔塔集團獲得二十三億美元，又拋售馬自達二六．八％的股份換取資金支持，接著又把旗下富豪轎車業務和富豪轎車品牌的擁有權，賣給中國吉利汽車公司，說明福特汽車一度靠著「變賣家產」度日。

通用、福特和克萊斯勒這底特律三巨頭在經營上的衰落，直接影響其總部所在地、以汽車工業為主導產業的底特律的繁榮，底特律甚至在二〇一三年也申請破產保護，成為美國史上最大的破產城市。

就在美國本土汽車陷入經營困局時，日本汽車卻在美國如秋風掃落葉之勢所向披靡，很快在美國占有超過三分之一的市場占有率。日本豐田汽車更是風頭強勁，早在二〇〇八年度銷量中，豐田就超越了美國通用汽車，成為世界銷量第一的汽車公司。同時，豐田汽車在美國廣大家庭中也迅速普及。

在談到美國汽車三巨頭，尤其是通用、克萊斯勒的衰落，以及日本豐田的快速崛起時，或許從不同的角度來看，會存在著不同的原因。在此，我們主要從採購的角度，透過對供應商關係的處理，來看兩者的得失。

有很長的一段時間，通用、克萊斯勒等美國汽車公司，都對供應商奉行**獵人模式的處理方式**。

例如，通用汽車設計出一個零組件，**向多家供應商詢價，從中找到合適的廠商合作**；在過了一年半載後，又要求供應商降價，迫於通用汽車在汽車產業龐大的採購量，廠商只好同意；又過了一年半載，通用汽車又要求供應商降價，供應商面臨一而再、再而三的降價壓力後，都會表示：「不能再降了，再降就要虧本了。」於是通用汽車就轉身找別的供應商採購，畢竟影響力大、品牌響亮，很多中小供應商都以能與這樣的明星企業合作為榮。

然而，原來的供應商可就慘了，他們原來為通用汽車投入巨資建廠、設法增加產能，沒想到卻「被甩了」，這些供應商就不得不重新找客戶，還得裁員，甚至關閉廠房。

然而，這種事情在通用汽車看來，彷彿與自己無關，畢竟優勝劣敗是市場的準則，供應商被淘汰，只能怪供應商競爭力弱。這就好比打獵，見到獵物就一槍放倒，先顧住眼前的利益再說；至於獵物怎麼繁衍生長，怎麼養肥、養大，與自己無關。然而，就在克萊斯勒和通用先後申請破產保護時，美國多家汽車零組件供應商也宣布破產保護。可見，**這種獵人模式不僅危害自己，還損害了整個供應鏈**。

相反的，日本汽車公司，尤其是豐田公司，則奉行一種牧人模式。在這裡，汽車整車廠好比牧羊人，供應商好比羊群。牧羊人要生活，雖然需要擠奶、剪羊毛，但不會把羊全宰掉，還會想辦法讓羊長大、長肥，這樣才能擠更多的奶、剪更多的羊毛。

以豐田和本田（Honda）為例，雖然豐田也有嚴格的目標成本，和持續降低成本的指標，但是他們更看重與供應商合作，共同提升生產技術和產品設計，從而推動更高層次的降低成本。這樣一來，豐田和本田這些日本汽車公司還在一定程度上，幫助供應商提高了生產經營的水準，實現雙方的共同成長。據統計，豐田透過**幫助供應商提升生產技術**，以及改善自身產品的設計，僅在一款車型上就降低三〇％左右的成本。事實證明，在降低採購成本方面，牧人模式比獵人模式更有效。

當然，牧人模式也並非沒有缺陷。比如，採用**牧人模式的供應商關係中，無形中優待既有的廠商，不利於新的廠商進入**，可能影響了整個供應鏈的活力和競爭力等。

總的來說，企業在處理與供應商的關係時，應該抱著雙贏的態度，適當關注對方的經營與發展狀況，同時要突破封閉性，在競爭與合作中尋找平衡點。

11 供應商管理的最高層次：整合至供應鏈

在對供應商的管理中，我們通常將供應商整合，作為管理的最高層次，這主要是把廠商整合到我們的供應鏈裡，將其作為企業的有機延伸。當然，要做到這一步，前提是要選對、找到最合適的廠商。企業絕不能不重視供應商的選擇，卻寄希望於後續開發其他供應商，以頻繁更換廠商來提高其供應水準。

一個供應商，往往就是一家擁有不少員工的企業，如果連內部管理都搞不好，採購方身為局外人，哪有可能去管理好供應商。再者，任何採購方都不會有足夠的資源，去提高所有廠商的管理水準。因此，供應商的管理水準、服務能力，最終還是要靠其自身來提升。為此，採購方要付出足夠大的精力，以找到最適合的合作夥伴。如果採購方付出最大的努力，仍未找到最適合的對象，就只能退而求其次，選擇相對適合的廠商去磨合與持續開發。

一般來說，企業對供應商的整合管理，在不同階段會有不同的表現。在產品設計階段，正如我們前面所說，企業可以邀請對方適當介入。因為在當今生產外包盛行的情況下，儘管產品設計由採購方負責，但在生產環節卻往往離不開供應商，如果供需雙方在產品設計階段溝通不足或不順暢，就會影響後續的生產。

我們不妨以建築行業為例，該行業的傳統做法是先設計、再採購，最後施工。等到建築企業的項目設計完畢，卻發現材料供應商的報價普遍比預期的高。原來，採購方在進行項目設計時，未考慮到廠商現有的材料類型，以至於設計項目所需的材料，與市場上供應商的產品不匹配。由於建築企業的設計方案又已定型，這時就在設計和採購兩個環節產生矛盾，建築企業最後往往為此多付出不必要的成本。

實際上，設計階段對後期的工程造價影響最大。為此，採購方在設計階段，就可以適當將戰略供應商納入項目中，從而緩解、規避設計與採購環節之間的矛盾。此外，在那些越是**複雜和技術含量越高的行業裡，供應商早期介入就越顯得重要**。我們再以飛機製造業為例，一款飛機從研發到量產動輒上十年，投資更是達百億美元，採購方更是需要和供應商密切合作，以盡可能減少失誤。

同時，**採購方在處理供應商早期介入的問題時，要理性對待對方合理賺取利潤的權利，不能看到對方賺自己的錢就心疼**，採購方更要從整體看待與廠商合作的利弊。再者，供應商在原料生產方面，通常擁有良好的生產工藝，這也是產品設計需要汲取的寶貴知識，從而進一步優化產品設計。

採購方在生產階段，對供應商的集成主要是透過即時生產方式（Just In Time，簡稱JIT）、供應商管理存貨（VMI）等方式，對接供應商與企業的生產系統。其中，即時生產方式，又稱作零庫存，是日本豐田汽車公司在一九六〇年代實行的生產方式，該方式成為豐田在世界汽車業制勝的一大法寶。

即時生產方式的基本思想，是「只在需要的時候，按需要的量，生產所需的產品」，從而追求無庫存或庫存達到最小的生產系統。可以說，即時生產的基本思想，是計畫與控制生產，以及管理庫存。因此，**即時生產又被稱為精實生產**。

實際上，豐田公司要實現精實生產，肯定**離不開與供應商的密切溝通**，從而達到自己需要多少原材料，對方就生產多少、提供多少，以盡可能減少不必要的浪費為目的。為此，豐田公司的**供應商，大多分布在豐田整車廠不遠的地方**，以加快對需求的供應速度。

另外，關於供應商管理存貨，先前已詳細介紹，此處不再贅述，讀者請參考本書前面的相關內容（請參照第一三六頁）。

最後，在對供應商的整合管理中，企業往往會選擇分類中的關鍵供應商，主要是戰略型供應商，畢竟任何企業的資源都是有限的，不可能與所有廠商深度合作。為此，企業尤其要選擇關鍵的對象，進行深度整合與合作。

第4章

採購談判與價格控制

在採購中具備一定的談判能力，可謂是這份工作所必須的。談判中，通常會與價格問題密不可分。透過談判，採購人員便能在價格上獲得一定的主動性，從而加以控制。

01 就算已是合作夥伴，還是得談判

關於談判的書面解釋，是指：「有關方面就共同關心的問題互相磋商、交換意見，尋求解決途徑和達成協議的過程。」在日常生活中，其實每個人都難免要與別人談判，比如你去逛商場，看上一件衣服，卻覺得價格高了一些，這時要想辦法說服銷售人員，讓對方接受自己心裡理想的價位，就需要談判。

採購人員在工作中不可避免的，要與各類廠商打交道。供應商普遍希望貴賣，採購方普遍希望賤買，供需雙方之間交鋒，少不了脣槍舌戰的談判。身為採購人員，對於談判是否有深刻的理解，從而看透、晉升為一個談判高手？在這裡，我們用三句話來描述談判究竟是怎麼回事。

1. 談判是資訊戰：

《三國演義》裡講了一則諸葛亮舌戰群儒的故事，就某種程度來說，這既是諸葛亮與東吳群臣之間的辯論，也是一場談判，最終將東吳群臣說得理屈詞窮，說得東吳老闆孫權同意諸葛亮聯合抗曹的主張，為日後三國鼎立打下了基礎。實際上，談判的結果會對雙方產生重要影響。

《孫子兵法》中說「知己知彼，百戰不殆」，其中知己知彼就反映出資訊蒐集的重要。我們不妨再看諸葛亮的舌戰群儒，如果事先沒有掌握足夠資訊，又怎能將東吳群臣說得無言以對，又怎能令孫權認可、接受諸葛亮的主張？可見，諸葛亮當初在出使東吳時，是在資訊蒐集方面下了很大功夫的。

那麼，採購人員在與供應商談判時，雙方同樣以各自掌握的資訊，影響著各自談判的內容。對於採購人員來說，在**談判之前要盡量多蒐集和了解供應商的資訊，同時盡量少暴露不利於自己談判的資訊**。比如，如果供應商提前得知採購人員的底價，無異於知道了採購的底牌，就不利於採購人員在談判中**的主動性**。

不過，**談判過程也是資訊交換的過程**，採購人員要透過供應商所說的話，弄清楚對方談判的動機，從而有效把握談判的方向。

2. 談判是心理戰：

在日常交易的談判中，談判雙方心裡往往都會有一個理想價位，彼此都希望說服對方接受自己的價位。為此，兩方就要設法證明自己心中，理想價位的合理性。可見談判往往也是雙方心理賽局的過程。此外，很多商品的定價，也考慮到消費者的心理因素，悄悄的與買家進行著心理戰。比如，有些商品會標價三．九九元、五．九九元，卻不標四元、六元，其實兩者相應只差一分錢，賣家為什麼不標整數？這是因為在四捨五入上，五以上的數，會讓人不自覺的和較大的整數比較；五以下的數，則會讓人不自覺的與較小的整數比較。比如，三．九九元、五．九九元，會讓人分別覺得還不到四元和六元；如果是三．二九元、五．二九元，就會讓買家覺得分別比三元和五元多些。

另外，採購人員在與供應商談判價格時，要把金額精確到小數點後若干位，以顯示自己是經過一番認真核算的，要不怎會有零有整？切忌以整數的價格與供應商討價還價。再者，在談判中，還要**忌諱等距離降價或升價**，例如每次都升或降一萬元，會讓對方覺得像切香腸一樣，還可以再升或再降。比較恰當的方式是，**先大幅度降或提升一些，然後不斷減小幅度**，讓對方感覺我方已經到了能接受的底線，從而達到談判目的。

3. 談判是力量戰：

其實，談判除了是場心理戰，還是力量戰，彼此要亮出自己響噹噹的籌碼，而且這個籌碼要讓對方感到足夠的分量。比如，如果採購方企業在業內知名度很響亮、影響力很大，採購人員就可以告知供應商，如果能夠進入本公司的供應鏈行列，有利於打響品牌，相當於做了廣告。一般來說，這對一家尚無什麼知名度的中小型供應商而言，很有誘惑力。此外，採購人員也可以說，本公司發展速度很快，需要的原料越來越多，這次如果價格公道、合作順利，後期就會加大採購金額等，這也會對供應商形成很大的吸引力。總之，在談判中，採購人員要發掘出有力量的籌碼。

總結來說，當我們深刻了解談判之後，在採購工作中要用心揣摩運用，從而提升自己的談判能力。

02

採購談判要雙贏，而非對方吃虧，如何做到？

儘管任何談判雙方都會表示要實現雙贏，但在實際狀況中，很多人還是認為談判是一場非贏即輸的較量，所以雙方往往各自想著自己的利益，堅信要「走別人的路，讓別人無路可走」。其實這種認知和做法都是誤解。

孔子曾經說：「己所不欲，勿施於人。」也就是說，自己不想要的結果，就不要強加於別人。在談判中，相信沒有人願意主動接受對自己不利的條款，或者是一時被對方矇騙、簽下不利的條款，從而使得談判之後出現了贏家和輸家。一般來說，即使談判中的一方被迫吃了虧，那麼吃虧的一方往往會想著日後要以牙還牙。倘若如此，冤冤相報何時了？同時，這也會將談判引入一種「這次你坑我，下次我坑你」的惡性循環。

因此，我們主張談判要實現雙贏，絕非是講大道理，而是談判的內在需求。一般來說，在談判之前，雙方有著各自不同的利益訴求，如何讓兩種訴求和諧對接？這就要靠談判過程的努力，雙方既要想著自己的要求，也要考量對方需求，彼此不斷修正，從而實現良好對接。

或許有人會說，談判中，賣家要價一萬元，買家只想付八千元，**各不相讓，如何才能協**

調好？其實，我們可以把焦點適當偏離現有的價格，尋找其他可以調和的點。比如，運費誰出、不同規格間的產品性能上有什麼差別、是現款還是分期支付、是否有再次交易的可能、是否可以幫自己做個廣告宣傳、售後服務如何等。一般來說，在交易中，除了價格是一項成本因素，交易雙方還可以找到其他成本因素，透過協調與整合這些因素，往往可以找出彼此都可接受的方案，從而避免霸王硬上弓似的逼迫降價。

在現實中，很多走向失敗結局的談判，往往都是沒能做到雙贏。可以說，只有達到雙贏，才是一場真正的、彼此都想要的談判。那些有輸有贏或者爾虞我詐的談判，即便贏了也難以持久合作。

那麼，在談判中如何才能實現雙贏？

1. 換位思考，相互體諒：

一般來說，談判雙方無不希望讓自己獲得最大的利益，即便如此，雙方還是切忌漫天要價、索取無度或胡亂殺價，彼此要將心比心、互相體諒，讓自己的利益訴求盡可能處於對方可以接受的範圍內，只有這樣，兩方才會發自內心的對待這場談判。

在談判中，我們主動替對方著想、了解對方的需求，都將有利於讓對方做出決策。在此基礎上，假如我們覺得對方提出的解決方案合法又得當，對彼此也都公平，於是乎談判基本上獲得成功，具備可執行的條件。

2. 情緒適當，營造融洽的談判氣氛：

在談判中，彼此表現出的情緒，會影響對方的心理和行為。所以談判時，雙方要保持適當的情緒，積極營造融洽的談判氣氛。往往在處於利益衝突點的時候，這一點會顯得越發重要。談判雙方**切忌讓談判充滿火藥味**，更不能在談判桌上大吵大鬧，否則只會導致爭執越演越烈，甚至搞砸談判。

3. 準備替代方案：

一般來說，儘管我們對雙贏充滿了美好嚮往，但是在談判過程中，還是會存在一些難以預測的情況。例如，雙方之間實在找不到利益調和的結合點，或者對各自的主張爭持不下。為此，採購人員要提前備好替代方案，或者透過彼此協商、換一種方法合作，或者等到之後時機成熟時再合作等。

4. 「話是開心鎖」，增進溝通：

通常，談判就是雙方運用各種語言交流、溝通的過程。由於各方的文化素養、人生閱歷等不盡相同，談判中難免會產生一些誤解和干擾，從而造成溝通上的障礙。對此，各方要增進溝通，了解彼此的分歧所在，從而有利於實現雙贏談判。總之，任何成功的談判，其結果必然是雙贏的。因此在談判中，採購人員要樹立雙贏的意識。

03 談判如何布局、開局，防範對方突襲？

在實際工作中，要想談好一場談判，僅靠美好的期望還不夠，通常還需要充分準備。只有這樣，才能更好的**梳理出對方所出的招數**，這叫識局；也才能分析我們的應對措施，這叫布局，從而使我們對整場談判運籌帷幄。

一般來說，任何談判者在布局時，都少不了這幾個因素，它們分別是：談判議題是什麼、談判的參與者有誰、談判籌碼有哪些、營造什麼樣的談判環境。

可以說，上述四個因素，是談判中的任何一方都要考慮的問題。對此，採購人員在談判前，不妨**列出一個表格，並填入相應的內容，從而理清思路**。具體內容如下頁表4-1所示。

在表4-1中，採購人員既要分析供應商那一方可能採取的措施，也要分析我方採取的應對措施，這樣才能進一步貫徹「知己知彼，百戰不殆」的原則。

任何談判都會有個議題，也就是關於談什麼。其實，有了談什麼，隨之也就有了不談什麼，以及先談什麼、後談什麼，如此確保採購人員能充分掌控談判議題。在實際工作中，一些正式的談判大多有書面函件，雙方會在函件中表明要談的議題。此外，在一些非正式談判

表4-1　談判布局因素

序號	布局因素	備註
1	談判議題	對方：
		我方：
2	談判的參與者	對方：
		我方：
3	談判籌碼	對方：
		我方：
4	談判環境	對方：
		我方：

中，往往注重現場發揮，通常沒有現成的書面函件。為此，**採購人員要提前想好議題**，以免到了現場不知道該談什麼，或者糊里糊塗的亂了套。

另外，即便談判雙方提前規定議題，往往**也會有些關注點沒有一一寫明，這可能是想在談判中來個「突襲」**。對此，採購人員要盡可能把上表中，談判議題欄位的內容填寫完整，提前對談判心中有數。

關於談判的參與者，採購人員不僅要知道雙方人員的構成，還要想清楚採購活動中的潛在參與者。比如，在採購談判中，可能會涉及產品的相關技術問題，在這種情況下，採購人員就要提前安排好需要列席談判的技術人員，以免到了現場由於對接人員不足，從而使談判無法正常進行。

關於談判籌碼，我們在前面已經講解，

採購人員既要歸納自身具備的突出優勢和競爭力，還要了解對方的談判籌碼，比如經過ISO 9000品質管理體系認證、機器設備先進等，以利於整合雙方資源。

關於談判環境，主要是在雙方之間營造一個合適的主客觀環境，從而有利於談判活動展開。舉例來說，選擇雙方都可以接受的場所與時間，有利於營造良好的談判氛圍。再者，如果談判中涉及不同的語言（如中文、英語、日語等），雙方應該確定選擇何種語言為正式的談判語言，並做好翻譯準備。

當採購人員為一場談判精心布好局後，接下來，在談判中應該以什麼樣的方式開局？俗話說，好的開始是成功的一半，選擇合適的開局方式，對一場成功的談判也是有利的。在這裡，我們提四種開局方式供參考。

第一種是坦誠式開局。任何談判活動中都會有主持人，作為主持人或被主持人指定先發言的一方，可以用開誠布公的方式，向對手陳述自己的觀點或意願，以盡快打開談判局面。這通常適用於已有長期合作經歷的供應商。因為有了一定的合作基礎，彼此也有一定程度的信任。

第二種是進攻式開局。這主要是**指談判者一開始就表明自己的優勢**，從而引起對手重視，或者向對手施加一定的心理壓力。一般來說，**這種方式或多或少採用詭詐之術**，**或顯得不沉穩**，**建議少用**。假如採購人員在談判中遇到供應商這樣發飆，不妨試著採取一些刺激性的做法，逼著對方回歸正常，例如我們可以反問：「你們還想不想合作？」

第三種是謹慎式開局。也就是說，開局者以嚴謹、凝重的語言拉開序幕，在這種情況下，談判的另一方切忌輕浮，一定要講究禮貌，同樣持嚴謹、慎重的態度，從而與對方在同一思維頻道上溝通。

第四種是協商式開局。這往往適用於雙方地位相當，或者是第一次商務接觸，因此，開局者往往以禮貌性言辭開啟談判序幕。這種情況下的談判，雙方要注重語言友好而禮貌，向彼此傳遞良好的修養素質。

採購人員如果掌握了談判布局和開局的要點，往往就可以應對實際工作中的很多談判場合。另外「人無禮，無以立」，說明採購人員還要懂得必要的商務禮儀，以便在談判中遊刃有餘。接下來將會說明商務談判的禮儀。

04 先禮後兵，毋須一開局便氣勢壓過對方

禮儀是人與人之間友好交往的保障。採購人員經常出入各種談判場合，與供應商來往較為頻繁，更是需要明禮、守禮，這樣不僅有利於談判開展，還能表現企業良好的形象。

具體來說，在商務談判中，禮儀可以發揮以下幾個積極的作用：

1. 幫助談判人員塑造好形象：

一般情況下，在商務談判中，一方往往透過對方的儀容、言談舉止，來判斷對方及其所在的企業，從而確定對方及其所代表的企業可信度有多少，以決定是否與對方合作。可見，談判人員在採購等商務活動中，如果能表現得彬彬有禮、言談得體，會給對方留下良好而深刻的印象，從而有利於減少談判阻力。

2. 有助於創造良好的談判環境：

通常情況下，人與人在互動之中，一方無禮的舉動常會激怒另一方，或引起對方的不

快，而影響交流氣氛。在採購談判中，談判者無禮的言行同樣會破壞交談環境，不利於會談進行。所以，談判環境是否良好，與禮儀是否完備有著重要關係。

3. 有利於溝通交流的順利進行：

其實，談判本身就是溝通與交流，談判中恪守禮儀，可以順利開展彼此的交流。假如其中有一方粗俗不堪，或者不講禮，讓另一方覺得避之唯恐不及，又怎能良好溝通？所以，遵循商務禮儀，有助於彼此交流更順利。

在實際工作中，商務談判禮儀包含的內容很廣，細節也非常多。但究其根本，其中最基本的理念是以尊重為本、善於表達，而且形式有所規範。我們接下來以常見的禮儀為例，了解一下日常工作中的商務談判禮儀。

1. 服飾禮儀：

關於服飾禮儀，總結來說要求樸素大方和整潔，服裝不需要多麼華麗，但一定要給人舒適、穩重和有活力的感覺。

2. 談吐禮儀：

由於談判主要在於交談的過程，所以熟練掌握言談得體的禮儀便非常重要。在運用中，要多帶敬稱，如「您」，而要避免突兀的「你」；多用商量性的口吻，如「您看這樣好嗎」，盡量**少用命令性的口吻**，如「你必須接受這個條件」等。

3. 迎送禮儀：

一般來說，作為主持談判會議的東道主，難免要對談判中的其他方迎來送往，這也是商務談判中的一項基本禮儀。對此，東道主要確定好迎送的規格，把握適當的程度。若規格過高，會讓對方受寵若驚，甚至以為東道主有非分之想；若規格過低，則讓對方覺得不受重視。具體的規格尺度，負責迎送的一方要妥善規畫。

4. 見面禮儀：

商務談判中，雙方見面後難免會有一番禮儀客套，主要表現為問好、握手、遞名片、自我介紹等。正常情況下，在彼此距離一步之遙時，東道主應以問好與握手表示歡迎，接著雙手遞上名片、自我介紹；另一方在收到名片後，應看一遍名片上的內容，如姓名、職務等，以表示尊重，然後慎重的將名片放進皮夾或名片夾中，切忌手裡捏著名片、隨意把玩，這會讓對方感到無禮。

5. 會談禮儀：

具體來說，東道主要確定：談判所在會議室的溫度是否適宜？談判中的主次位置安排是否妥當？會談中注重禮儀；在需要拍照留念時，也要按主賓次序合理安排。

6. 簽約禮儀：

一般來說，由於各國風俗不同，簽約儀式也各有差異。我國一般在簽約廳內設置一張長方桌，作為簽約桌；簽約廳與簽約桌的布置，整體原則是莊重、整潔、清淨。

在正式簽約儀式中，以我國為例，雙方參加簽約儀式的人員進入簽約廳，當簽約人員入座時，其他人員則分主賓、按身分順序排列於各方簽約人員身後。主簽人在簽完我方保存的文件後，由助簽人員互相傳遞文件到簽約的對方，再在對方保存的文本上簽字。然後雙方簽約人員交換文件、相互握手；有時在簽約後，雙方簽約人員還會各舉一杯香檳，表示祝賀。

7. 其他禮儀細節：

商務談判中還有宴請禮儀、饋贈禮儀等，談判人員要根據身分與場合掌握得體。商務談判禮儀是門很大的學問，平時要多學習，以確保規範且熟練運用。

05 談判團隊怎麼組建？切忌成員當場唱反調

在許多情況下，採購談判是由一個團隊進行的。的確，一些大宗貨物的採購，由於對成本有著非常重要的影響，企業往往會派出一支談判團隊，並在團隊中做好分工，從而實現談判目標。

那麼，企業應該如何組建一支有力的採購談判團隊？首先來看談判團隊組建的原則。這分為兩種情況，一是根據談判對手的具體情況組建談判團隊，也就是說，在基本上了解談判對手的情況後，可以依據對手的特點來配置談判人員。一般來說，我方團隊的規格應與對手相當，比如，對手團隊中有一位副總，我方宜在團隊中安排一位副總參與。二是根據談判的重要性和難易程度，來組建談判團隊。我們在確定團隊的陣容時，要認真考慮談判的重要性、難易程度等因素，並以此決定派選的人員和人數。

其次，在談判人員的素質方面，我們要考察的團隊成員素質主要有：思想素質，即務必遵紀守法、廉潔奉公，努力維護本企業的正當利益，有著積極進取的事業心；文化素質，即要有較好的文化素養和表達能力，能夠清晰、準確的表明自己的意思，並具備一定的說服力。同時，人員要向外界展示企業整體的良好形象；業務素質，即擁有豐富而扎實的專業知識、產品知識，具有比較豐富的談判經驗，能在過程中應對突發情況，並且熟悉相關法律和法規；心理素質，即要有較強的自制力和適應性，既要堅持原則，還要懂得隨機應變，善於和不同的談判對手來往。

在談判人員的配置方面，要根據談判的需要，滿足過程中對於多學科、多專業的知識性需求，取得知識上的互補優勢；同時，還要群策群力、集思廣益，形成集體智慧，從而圓滿完成談判任務。一般來說，企業在安排人員時，應盡量選擇綜合素質較優的專家人才，以提高談判效率。

最後，在談判團隊中務必做好分工與合作。實際上，團隊之所以不同於群體，其中一項重要的區別，就是團隊具有明確的分工與合作。談判團隊中，每位成員都扮演不同的角色，包括**誰是主談**、**誰是輔談等**，**都要提前規畫好**，也要規定各個成員應該怎樣配合，為談判現場的良好合作打下基礎。

舉例來說，曾經有一家企業，派出一支採購談判團隊與供應商談判。由於需要了解採購物品的品質與性能等參數，因此團隊中既有採購人員，也有技術人員。然而，採購人員和技術人員先前未充分溝通，甚至包括在談判中的配合事宜，也未沙盤推演。

結果，就在採購人員好不容易砍價到一定程度時，不料技術人員卻著急了，便當面埋怨他：「像你這樣砍價，萬一影響產品品質怎麼辦？」然後，技術人員又轉向供應商說：「要是他再砍價，你們就別賣給他！」

當供應商在採購人員砍價的凌厲攻勢下，就要做出降價決定時，不料**採購陣營內部分裂**，於是供應商擺出一臉無奈的樣子說：「我們真的降到底了，正像您這裡的技術人員所說，再降價，就是品質規格低一些的產品了，恐怕你們的生產部門也不會接受。」結果，採購人員當場被噎住，價格未降到預期的程度，還把內部不和的家醜，外揚到供應商那裡。

會出現這種情況，一個重要的原因就是，採購談判團隊在角色分工與合作上溝通不足，以及在選擇人員上有所欠缺，才導致團隊未能齊力作戰的結果。

其實，在很多情況下，談判的成功取決於集體智慧的努力，所以，務必組建一支優秀的採購談判團隊。

06 懂這六大絕技，你也能成為談判高手

在著名武俠小說家金庸的《天龍八部》裡，雲南大理段氏的六脈神劍，是一套出神入化的劍法，在武林中可謂赫赫有名。其實，對於一位談判高手來說，若具有六大絕技，並能夠妥善運用的話，那麼談判技能就會有明顯提升，就像學會六脈神劍一樣，讓自己在談判中進退自如。我們接下來就講講談判高手的六大絕技。

1. 放鬆，不要著急：

在實際工作中，我們會發現，你心裡越是緊張，就越難辦好一件事；相反，當你放鬆時，反而較能完成任務。在談判中同樣急不得，採購人員要學會放鬆心情，**不要一上場就急著把事情談好**，這就像日常做飯，總得有個預熱、加熱的過程。另外，談判人員盡量不要有時間壓力，而是要尋找時機。在商務談判中，有時一方沒有獲得預期的條款，一個重要原因就是感覺談判時間太長，失去了耐心，於是匆匆了事。這是談判高手的大忌。

2. 你的要求價位要低於你的目標價位：

有些人在談判時，一下子就把價位砍到自己預期的程度。殊不知，這樣做往往很難在該價位上成交。一般通常說「做生意哪能把價定得這麼死」，那麼反過來，採購者一下子說出自己的預期價位，假如供應商聲稱該價位虧本，這樣採購者把價格往上再提一些，也是情理之中。這就是為什麼說，採購者一開始說出的價位很難談妥的重要原因。

那麼，採購者應該提出什麼樣的價位？在這裡，我們要學習談判高手的做法，要不惜「獅子大開口」，**提出的價位一定要比你的預期價位更低**，唯有這樣，你才能有更大的談判空間。

3. 別顯露出你很在乎：

在採購中，即便採購人員一眼就能看出供應商的貨品不錯，也讓自己心動了，千萬不要表現出來，要表現出你已經看過很多類似的產品，對方的產品「不過如此」。這樣，供應商出於同行競爭的本能壓力，便會做出一些妥協。一般來說，採購者越是表現出在乎供應商的產品，越會讓對方覺得奇貨可居，反倒不利於採購者爭取到好的交易條款。

4. 不要馬上接受對方的條件：

在談判中有一項規則，就是無論對方提出的起始條件有多好，你都不要接受，而是要爭取更好的條件；即使最後爭取不到，也要顯得自己無能為力、盡力而為，最後「不得不」接受對方給出的條件，要讓對方有一種贏的感覺。一般來說，談判一定要從頭談到尾，這樣取得的成果才會實在，過於輕鬆得來的成果，往往存在著一定的問題。

5. 別讓自己毫無選擇：

俗話說貨比三家，也就是說，即便我們不和其中一個賣家做生意，還有兩家待選，這樣就可以讓自己有別的選擇。採購中同樣如此，如果採購員獨鍾一家供應商，會讓對方覺得有恃無恐，不利於採購人員在談判中占據主動地位；假如還有幾個待選的供應商，這時，廠商之間出於市場競爭，就會提供更好的條款，從而有利於在談判中占據主動地位。

6. 讓步時要心不甘、情不願：

在與供應商談判時，為了合作的需要，有時可能要做出一些讓步，這時要對供應商傳遞很不甘願讓步的訊息，這樣採購人員在做出一次讓步後，對方考慮到採購人員的感受，以及雙方的合作，往往不便於再提出要求採購人員讓步的條件。當然，對方的談判人員往往也是久經沙場，對此，我方一定不能讓對方一眼就看出破綻。因此，採購人員要想成為一個談判高手，就要鍛鍊自己控制情緒的能力。

由此可知，要想成為一名真正的談判高手，就要把上述提到的談判絕招練到融會貫通、信手拈來，而不是每逢談判場合，才在心裡盤算著應該出哪招。當採購人員最終練成「化有形於無形」，做到應付自如時，就成長為一位真正的高手了。

07 要了解報價合不合理，先看懂供應商的成本

在實際工作中，不同的供應商，其成本結構在具體表現上也會有所不同。企業的成本結構確實是存在共通性的。根據通用會計準則分類，企業的成本結構包括六個項目，我們平時看到的供應商報價，通常就是基於這樣的成本核算出來的。因此，**要了解廠商的報價，就得知道對方報價的成本是如何構成的**。現在將企業成本結構中的六個項目介紹如下：

1. 直接材料：

直接材料是指構成產品實體的材料，也就是在產品上能直接看見的材料。與之相對應的是間接材料，指在生產過程中沒有直接變成產品，但也是生產過程中所需的材料，如工作服、生產線裡的辦公用品等。

舉例來說，有一個標準件供應商，這些標準件產品有螺絲釘、螺絲帽等。其中，螺絲釘、螺絲帽等，本身由鋼鐵等金屬構成，類似於鋼鐵這類的金屬就是直接材料；工人在生產標準件的過程中，需要穿戴保護服裝，這些保護服裝就是間接材料。

2. 直接人工：

直接人工是指在生產第一線上直接產出產品的員工，他們的工作量和生產產量直接相關。與此相對應的是間接人工，他們也在生產的第一線工作，但不是現場的工人，如生產線裡的堆高機駕駛員、統計核算員、倉儲管理員等。

3. 製造費用：

製造費用是指生產過程中，除了直接材料和直接人工之外，發生的其他所有費用。其中，製造費用的第一項是折舊，例如廠房和機器設備會折舊，如果廠房是租來的還要付租金，這些費用都會分攤到產品上；第二項是能源費用，現在的生產一般都是機器化生產，只要設備一啟動，就會耗費能源，產生相應的費用；第三項和第四項費用，就是前面說的間接材料和間接人工。

4. 財務費用：

財務費用是指企業因運作資金而發生的成本。這主要包括三項：一是企業在貸款時產生的利息；二是企業在各種金融機構辦理業務時，支付的手續費；三是若產品涉及進出口，就存在本國貨幣與外幣之間的兌換，企業會因為匯率的變化，而存在一定的損益，有可能是損失，也可能是收益。

5. 銷售費用：

銷售費用是銷售環節產生的費用。比如，銷售環節需要雇用業務人員，這就包括人員的工資以及差旅費、招待費等；企業難免會做些行銷活動，如廣告、促銷等，這些活動所需的費用，也都算作銷售費用；另外，貨物的轉移還會產生一定的物流費用，這也會算在這類費用中。

6. 管理費用：

一般來說，除上面五項以外的費用，基本上都可以歸入管理費用。

通常情況下，直接材料、直接人工和製造費用共同構成製造成本，也就是生產製造過程中產生的成本，這有時還稱作銷售成本，即已經銷售出去的產品的成本；而財務費用、銷售費用和管理費用，又統稱為銷售及一般管理費用。

上述六項成本，基本上是任何企業的成本構成基礎。儘管如此，行業不同的企業，其成本結構在具體表現及描述上，也會有一些差異。我們在此以製造業、銷售業（如貿易型）和服務業（如技術服務、勞務服務型）為例，大致可以看看這三個行業中企業的成本結構，請參照左頁表4-2。

俗話說：「萬變不離其宗。」我們在工作中看到供應商形形色色的報價，一般都是基於上述成本項目來提報。在了解供應商的成本構成後，我們就能更深入了解對方提出的報價內容。

表4-2　不同行業的成本結構

行業	成本結構
製造業	製造成本（材料費＋人工費＋期間費用）＋銷售費用＋一般管理費
銷售業	採購成本（採購價格＋運費＋人工費）＋銷售費用＋一般管理費
服務業	銷售費用＋一般管理費（人工費＋期間費用）

08 供應商報價背後的三種算盤

在了解供應商的經營成本後，那麼，供應商的報價是不是經營成本與盈利的簡單相加？其實也不盡然。一般來說，給產品定價也是一門學問。在市場經濟中，企業是價格的決策主體，採用不同的價格策略，會對企業經營產生重要影響。我們可以分別從成本導向、競爭導向和顧客導向的視角，來了解相應的定價方法，明白供應商報價的主要方法。

1. 成本導向定價法：

該定價法以產品單位成本為基本依據，再加上預期利潤，以此確定產品價格，是當前國內外企業最常用、最基本的定價方法。該方法又另外衍生出幾種方法，我們就來看看其中常見的四種：

⑴總成本加成定價法：這是指把生產某產品的過程中，產生的所有耗費均計入成本的範圍，計算單位產品的變動成本，合理分攤相應的固定成本，再按一定的加價比率來決定價格。其中，變動成本是指在一定範圍內，隨著業務量的變動而呈線性變化的成本，例如，直

接人工、直接材料就是典型的變動成本。該定價法的計算公式是：

單位產品價格＝單位產品總成本×（一＋加價比率）

例如，某產品單位成本九十元，加價一〇%，那麼企業報出的價格為九十九元（90×〔1＋10%〕＝99）。

(2)邊際成本定價法：邊際成本是指每增加或減少單位產品，所引起的總成本變化量。在實際工作中，由於邊際成本與變動成本比較接近，因此常用變動成本替代邊際成本。

採用邊際成本定價法，主要是以單位產品的變動成本作為定價依據，以及可以接受價格的最低界限。該定價法改變了售價低於總成本，就拒絕交易的傳統做法，有利於更好的應對競爭、開拓新市場，而且往往具備一定的價格優勢，比較適合產品組合出售，即組合中的商品有些賺錢，有些不賺錢。

一般來說，採用該方法須慎重、要講究策略，若使用不當，有可能被當作傾銷和不正當價格競爭。

(3)目標收益定價法：又稱為投資收益率定價法，是根據企業的投資總額、預期銷量和投資回收期等因素來確定價格。採用該定價法時，首先要確定目標收益率，它又可具體表現為投資收益率、成本利潤率、銷售利潤率、資金利潤率等多種不同方式；其次，要確定產品的目標利潤額；最後是計算產品的價格。

其中，產品目標利潤額和產品價格的計算公式，分別如下：

產品目標利潤額＝總投資額×目標收益率÷預期銷量。

最後，是計算產品價格：

產品價格＝企業固定成本÷預期銷量＋變動成本＋產品目標利潤額。

一般來說，目標收益定價法，主要從保證生產者的利益角度出發來制訂價格，幾乎未考慮到市場競爭和需求的實際因素，在實際工作中，經常要與其他定價方法綜合使用。

(4)盈虧平衡定價法：這是指在銷量既定的條件下，產品價格必須達到一定水準，才能做到盈虧平衡、收支相抵。其中，既定的銷量就是盈虧平衡點，也就是說，高於盈虧平衡點，企業就有盈利；低於盈虧平衡點，企業就虧損。那麼，盈虧平衡點的價格是多少呢？請看下面的計算公式：

盈虧平衡點價格＝固定總成本÷銷量＋單位變動成本。

在實際工作中，企業通常不會以盈虧平衡點價格作為售價，只能將盈虧平衡點價格作為價格的最低限度，然後再加上單位產品目標利潤，才得出最終的市場價格。否則，企業好比付出一百元成本，又收回一百元收入，中間沒有利潤，企業經營者往往也不會這樣做。

2. 競爭導向定價法：

該定價法是指企業透過研究競爭對手的生產條件、服務狀況、價格水準等因素，依據自身的競爭實力、參考成本和供求狀況，來確定商品價格。在這種定價方法中，企業充分參考市場上競爭對手的因素。

在具體運用方面，有隨行就市定價法，也就是將本企業的某產品價格，保持在市場平均價格水準，以獲得市場上比較均衡的利潤；還有產品差別定價法，也就是強調自己產品的與眾不同，從而選擇高於或低於競爭對手的產品價格。此外，在一些招標採購活動中，一些競標者還會採取密封投標定價法，根據自身的成本，分析競爭對手的實力和可能報價，採取密封價格的方法來報價。

3. 顧客導向定價法：

這主要是根據市場的需求狀況，和消費者對產品的感覺差異來確定價格，該定價法還稱為市場導向定價法。若採用這種方法，企業就要獲得準確資料，以了解顧客對相關商品價值理解情況，洞悉產品對顧客特定需求的滿足狀況，以及顧客的消費承受能力。在日常生活中，我們有時見到買賣雙方對產品價格爭持不下時，賣家乾脆說：「您看到底能給到什麼價位吧。」這在某種程度上來說，就是利用顧客導向定價法。

只要我們懂得供應商報價的常見方法，那麼當我們與供應商談到價格問題，尤其是確定合適的採購價格時，就能在價格談判中更具主動性，進而在保障供應商合理利潤的情況下，讓企業採購到物美價廉的商品。

09 報價會摻水，從四個面向一眼看穿

儘管我們知道了價格的成本結構，以及常見的定價方式，然而在實務當中，供應商在報價中摻一些「水」，往往難以避免。所謂供應商報價中的水分，主要是指廠商在做成本分攤時，令採購者承擔本不應承擔的費用。那麼，供應商通常會如何在報價中摻水？就讓我們擦亮眼睛，一一檢視。

1. 材料費中摻的水：

一般情況下，一家供應商往往要面對多個採購者，而在生產製造中，不可避免的會存在一定的生產損耗（如機器設備折舊）和廢品率，對此，廠商又不便於讓某個具體的採購方，承擔自己生產中的損耗和廢品，所以採購方看到的供應商材料費用，與供應商內部看到的材料費用一般是不同的。例如，在供應商內部，直接材料費的計算公式是：

直接材料費＝產品實體＋損耗＋廢品。

如果供應商在採購契約中，讓某一個採購者全部承擔材料費中的損耗和廢品費用，那麼

採購者一定會認為其中存在一定的不合理性。儘管如此，羊毛出在羊身上，供應商一般總會在契約中，以某個科目的名義分攤這部分費用，這時，我們就要查看其分攤程度是否合理。

2. 人工費中摻的水：

我們再來看供應商報價中的直接人工費的構成：

直接人工費＝實際用時＋間歇＋停工（工間休息、設備調整）＋廢品耗時。

其中，實際用時通常是不可少的，否則會影響產品品質；關於間歇，舉例來說，生產工人在工作中，由於要等待上一道工序完成才能作業，如若上一道工序比較慢，使得一部分工人不得不停下來，等待工序的完成，這段時間就是間歇，供應商同樣還是要支付工人工錢；停工，主要是指工人在工作期間的正常休息，以及機器設備正常保養所占的時間；所謂廢品耗時，是指工人即便生產出廢品件，也會消耗時間和費用的，供應商甚至還要支付程度不等的工資，正常來說，這部分費用是可以報給採購方的，但是採購人員要提防供應商這部分的費用報得過高。

3. 製造費用中摻的水：

一般來說，製造費用可以分為變動製造費用和固定製造費用。在實際工作中，製造費用通常需要預定的分配率計算，以歸入相應的製造成本。該分配率的參考計算公式為：

製造費用分配率＝製造費用預算總額÷標準工時總數。

例如，某企業生產線全年計畫製造費用為三萬六千元，全年定額工時為四萬小時，那麼製造費用在該年度的分配率為每小時零點九元（3.6÷4＝0.9）。假定本年度實際耗費工時為三萬五千個小時，那麼本年度所發生的製造費用則為三萬一千五百元（3.5×0.9＝3.15〔萬元〕）。

採購人員需要注意的是，供應商的產品主要是依靠人工來生產，還是以機器設備來生產，這將決定標準工時是採用人工還是機器設備來衡量。假如產品生產主要投入的是人工，則用人工來衡量；若生產是以機器設備為主，就要用設備去衡量。

4. 費用分攤中摻的水：

在前面曾提及，財務費用、銷售費用和管理費用，未直接參與產品的生產製造，供應商處理這部分費用的方式，主要是靠分攤。在實際工作中，主要有兩種分攤方式，分別是傳統分攤法和ABC法（Activity-Based Costing）。

傳統分攤主要以直接材料作為分攤標準，方式比較簡單易行。例如，材料費高的就多攤一些，材料費低的就少攤一些。當然，這種分攤方式也存在一定的問題，舉例來說，有些產品雖然價格較高，但是品牌認可度高，產生的銷售費用反而低；有些產品雖然價格低，但是市場上的同類型產品多、競爭力大，銷售費用隨之也大。這種情況下，採用傳統分攤的方式，就會與實際產生的費用產生較大的差異。

ABC法簡單來說，就是發生在誰身上的費用，就由誰來承擔。這種方法可有效避免傳統分攤法的不足。會計作業上得一一檢視、確認歸屬，稍麻煩些。

供應商為了佐證自己報價的合理性，通常會列述成本中多項費用的組成。一般來說，外行往往看不透其中的玄機和水分。對此，採購人員一定要練出一雙火眼金睛，看出廠商的報價是否合理。

10 討價還價用這三招，公司採購不是逛夜市

採購中的價格談判，通常是指採購人員與供應商業務人員討價還價的過程。對於採購人員來說，會想辦法壓價，以減少企業不必要的開支；對於廠商來說，則是想辦法固守報價。我們在此提供常用談判壓價技巧，以提升和供應商過招的水準。

1. 直接壓價：

這是指採購人員**開門見山的要求供應商降價**，在某種情況下，會有一定的效果。例如，在議價過程中，採購人員可以在適當時機，直接提出預設的底價，從而促使供應商提出比較接近該底價的價格，達到降價目的。

有時，議價結果達到採購人員可接受的價格範圍，便直接表明自己可以接受的價格；若供應商將提高售價歸結到原料上漲、工資水準提高、利潤太薄等因素時，我們對於談判遇到的不合理加價，仍要立刻提出質疑，以獲得降價機會。

2. 間接壓價：

這是指採購人員在談判中，**不要一開始就提到降價話題**，可以採取間接的辦法，以達到目的。比如，在開始商談時，採購人員可以先談一些輕鬆的話題，藉此熟悉對方的談判陣營，也讓雙方放鬆心情，再慢慢引導至價格談判的主題；採購人員還可以採用低姿態，對於對方提出的價格，盡量表示困難，多說「不好辦、生意難做」等字眼，從而以低姿態博取對方的同情，換來降價；採購人員要避免透過電話或文字交流，最好能面對面議價，這樣的溝通效果較佳；還可以搭配肢體語言、表情來說服對方，進而讓對方接受降價。

在談判中，採購人員除了要求降價外，對於**一些非價格因素**，**也要積極議價**，以減少不必要的成本。比如，當供應商決定提高售價，而不願變動時，採購人員可以要求對方分擔售後服務及其他費用，以獲得相應補償。比較典型的是，採購方在購買大件家電時，如果實在壓不下價格，可以要求廠商提供完善的售後服務，要能提供送貨、延長保固服務等，從而在其他方面，達到為採購方降低成本的目的。

3. 讓步技巧：

一個優秀的談判人員，不僅懂得進攻，還得攻守兼備，既要懂得進攻性的降價，也要懂得適當的讓步，只有這樣，才有可能讓談判中的另一方心悅誠服。採購人員在讓步時，要注意以下方面：首先是謹慎讓步，**要讓對方意識到，你每一次讓步都是艱難的**，使對方充滿期待，而且每次讓步的幅度不能過大；盡量迫使對方在關鍵問題上先行退讓。而我方則在對手的強烈要求下，在次要方面或者較小的問題上讓步。

其次是事先做好讓步的計畫，所有的讓步應該是有序的，並區分具有實際價值和沒有實際價值的條件，在不同的階段和條件下使用；不做無謂的讓步，每次讓步都需要對方用一定的條件交換；再者是了解對方的真實狀況，在對方急需的條件上堅守陣地，這樣才能換來對方相對應的讓步。

除了上述談判壓價技巧外，還可以採用欲擒故縱等方法，我方應該設法掩藏購買的意願，不要表露出非買不可的心態，否則一旦供應商識破我方處境，將使我們處於價格談判中的劣勢。因此，採購人員應採取若即若離的姿態，從試探性的詢價著手；也可採用敲山震虎的方式，巧妙的暗示對方存在的危機與不利因素，從而迫使對方降價。

比如，採購人員可以談庫存給企業現金流帶來的壓力，但只能點到為止，要給人一種雪中送炭的感覺，從而使供應商覺得我方並非幸災樂禍、趁火打劫，而是真心誠意的想與自己合作，「幫」自己度過難關。既然供應商意識到採購人員是在幫自己，那麼以適當降價，實現互惠、互利，也就理所當然了。

總之，我們在此提供一些採購談判中的壓價技巧，並非鼓勵談判雙方鉤心鬥角，與只顧一己私利，因為談判也是一種鬥智的過程，要找到談判雙方都可以接受的價格和條款，需要雙方反覆的磨合與嘗試。

當然，在採購活動中，如果其中一方感到合作對自己不利，恐怕後續就難以順利進行，甚至不會進行。所以，採購人員掌握必要的壓價技巧，與我們一貫提倡的雙贏談判是不矛盾的，這將促進談判雙方的深入溝通與了解。

第5章

信賴不能光靠一張嘴，用契約來約束吧

美國第三位總統湯瑪斯．傑佛遜有句名言：「不要說信賴誰，還是讓契約來約束他吧！」契約規定了彼此的權利和義務，從而保障合作有序開展。而契約的關鍵是要確實執行。雙方的合作，最終要表現為一紙契約，以及落實為相應的訂單處理。

01 簽訂採購契約的四原則與四步驟

在採購工作中，選擇不同的採購方式，在簽訂採購契約的程序上也會有所不同。但是，通常採購契約的簽訂，普遍遵循一些原則和程序，從而保證順利履行，以預防契約糾紛。

那麼，簽訂採購契約時需要遵循哪些原則？

第一，合法原則。供需雙方要簽訂的採購契約，必須遵守國家的法律、法令、方針和政策，其內容和手續也應符合，有關契約管理的具體條例和實施細則的規定。

第二，平等原則。準備簽約的供需雙方必須堅持平等互利、充分協商的原則，決不允許強買強賣式的採購或銷售。

第三，書面原則。採購契約應當採用書面形式，**即便有預先口頭要約，最終也要落實到文字層面**上。

第四，法人原則。採購合同的當事人必須具備法人資格。所謂法人，是指具有一定的組織機構，能夠獨立支配財產，能夠獨立從事商品流通活動或其他經濟活動，享有權利並承擔義務，依照法定程序成立的企業。一般情況下，當事人應當以自己的名義簽訂採購合同；若委託別人代簽，必須要有委託證明。

簽訂採購契約的程序，主要是指契約當事人協商契約內容、達成共識，並簽署書面協議的過程。一般來說，簽訂採購契約，會有以下四個環節：

1. 要約：

這是指當事人中的一方，向另一方提出訂立經濟契約的建議；提出簽訂契約建議的一方叫要約人。要約是訂立採購契約的第一步。通常來說，要約可以向特定的供應商發出，也可以向非特定的供應商發出。

要約內容必須明確、具體、真實，不能含糊其辭、模棱兩可。由於要約是要約人向對方所做的一種允諾，因此要約人要對要約承擔責任，並且要受要約的約束。如果對方在要約一方規定的期限內提出承諾，要約人就有接受承諾，並與對方訂立採購契約的義務。另外，要約人可以在得到對方接受要約表示前，撤回自己的要約，但撤回要約的通知必須不遲於要約到達。對已撤回或超過承諾期限的要約，要約人不再承擔法律責任。可見，採購人員在工作中向供應商發出要約時，還是要慎重起見。

2. 承諾：

這是指當事人中的另一方完全接受要約人的訂約建議，同意訂立採購契約的意思表示。

其中，接受要約的一方稱承諾人。可見，承諾是由接受要約的一方，向要約人做出的明確表示，是訂立合同的第二步。

承諾必須是承諾人完全接受要約人的要約條款，不能附帶任何其他條件，即承諾內容與要約內容必須完全一致，這時協議即成立。如果承諾人對要約提出代表性意見或附加條款，則視同拒絕原要約、提出新要約，這時要約人與承諾人之間的地位就發生了交換。在實際工作中，很少出現承諾人一次性完全接受要約人提出的條款，雙方往往要經過反覆的業務洽談，經過協商後取得一致的意見，進而達成協議。

3. 簽約與公證：

供需雙方經過反覆磋商，以及反覆的要約與承諾後，最終形成文字形式的合約，再經過契約簽訂和契約公證，就形成一份具有法律效力的採購契約。其中，簽訂契約是在雙方平等、自願與合法合規的基礎上，由雙方的法定代表人簽署，並**確定契約的有效日期**。

契約公證是指契約管理機關，根據供需雙方當事人的申請，依法證明其真實性與合法性的一項制度。在訂立採購契約時，尤其是在簽訂金額數目較大，及大宗商品的採購契約時，需要經過工商行政管理部門，或立約雙方的主管部門共同簽證。一般來說，政府採購契約普遍需要對契約公證；一些涉及金額較小的採購契約，供需雙方要依法簽蓋契約專用章，並且確保契約中的所有條款合法合規、具有法律效力，並且受法律保護。

4. 履約：

簽訂完採購契約，以及契約生效後，就進入履約環節。供需雙方接下來就要嚴格按照契約的規定，行使各自的權利與義務，包括正常供應貨物與支付貨款。在履約的過程中，如果雙方當事人中的任何一方，認為對方未依照契約規定履約，均可依法與對方交涉，必要時可以提請司法部門仲裁。

02 簽訂採購契約時，得注意這六個眉角

一般來說，採購契約一經簽訂，就具有法律效力。所以，採購人員在簽訂契約的環節，一定不能粗心大意，才能避免給自己帶來不必要的麻煩。為此，必須了解以下關於採購契約簽訂時的注意事項：

1. 審查對方的真實身分和履約能力：

採購人員要審查對方的經營主體資格是否合法和真實存在，特別是審查簽訂契約的人員有無資格、有無授權等；審查對方的履約能力，就是要查清對方現有的、實際的、真實的經營情況，看對方是否具備履行契約能力，避免出現簽訂契約後執行困難的情況。

2. 審查契約印章與簽字人的身分，確保契約是有效的：

當事人要依法加蓋契約專用章，契約的簽字人應為對方的法定代表人，或經法定代表人授權的經辦人，並提供相應的身分證明資料，必要時雙方還需出示營業執照副本，或工商行

政管理機關提出的法定代表人資格證書等文件。

3. 認真審查標的物的名稱：

這裡的標的物，是指採購的物品。在採購合同中，**採購標的物必須用國家規定的標準用名稱謂，不得使用其俗稱**，更不得自行單方面非法命名。同時，標的物本身必須合法，對於法律法規不允許交易的物品，契約中若將其作為標的物，則契約無效，而且簽約雙方當事人要為此承擔相應的法律責任。

4. 注意契約價款的表述：

一般情況下，價款即標的物本身的價格，然而涉及異地交貨的大宗買賣，尤其是涉外買賣，還會產生不菲的**運輸費**、**保管費**、**裝卸費**、**保險費**、**報關費**等一系列額外費用。關於這些費用由誰承擔，要在契約中明確規定，簽約雙方當事人可以在遵守法律法規的前提下，自行協商確定。再者，對於涉外採購，簽約雙方要明確規定用**何種貨幣支付**，還要釐清**以什麼時間的匯率**為準，以避免因規定不明確而導致糾紛。

5. 注意契約的品質條款：

通常品質是標的物的內在素質，和外觀型態的綜合反映，它主要反映出五種含義：一，是標的物的物理、化學成分，以此確定標的物的品質；二，是標的物的規格；三，是標的物的性能；四，是標的物的款式；五，是標的物的感覺要素。

另外，根據商業習慣，交易雙方確定買賣標的物品質的方法，也主要有五種：一，是以特定標準（如國家標準、國際標準）確定標的物的品質；二，是以良好的平均品質為依據，確定標的物的品質；三，是以產品說明書為根據，確定標的物的品質；四，是以品牌、商標確定標的物的品質；五，是以樣品為標準，確定標的物的品質。交易雙方在簽訂契約時，必須注明採用何種品質標準，這五種確定品質的方法可以單用，也可以組合使用。

6. 注意約定爭議管轄權條款：

我們在契約中約定爭議管轄權條款，能避免陷入一些不法供應商設計的司法陷阱。例如，供需雙方距離很遠，假如規定契約出現爭議，要由供應商所在地法院管轄，那麼採購方為此要承擔不菲的差旅費，而且長途奔波還會影響正常的工作，以至於一些中計的採購方，只得不了了之。

因此，在採購契約中，雙方可以共同**約定一個彼此都可接受的某個相關所在地的法院，對其契約糾紛有管轄權**。另外，我們還要注意契約的簽訂地點問題。一般情況下，凡書面契約寫明契約簽訂地點的，以契約寫明的地點為準；未寫明的，以雙方在契約上共同簽字蓋章的地點為契約簽訂地；雙方簽字蓋章不在同一地點的，以最後一方簽字蓋章的地點，為契約簽訂地。

此外，簽約雙方對於契約中沒有約定，或者約定不明確的內容，還可以透過協定形式予以補充；對於不能達成補充協議的，可以按照契約有關條款或者雙方平等自願、合法合規的原則來確定。

03 怕供應商無法履約？利用保證金方式監督

在簽訂採購契約時，儘管採購人員已經檢查了供應商的履約能力，但是在履約過程中，還必須有必要的監督，以保障契約正常履行，減少不必要的損失。比如，採購方要建設一個重要的工程，工期也比較長，假如在這期間沒有必要的監控，一旦供應商未能按時交付貨物，勢必對採購方的工程產生一定影響。可見，為了確保廠商正常履約，便要採取一定的監督措施。在這裡，我們主要介紹保證金方式。

所謂保證金，是指買方或賣方按照交易市場規定的標準交納的資金，專門用於訂單交易的結算和履行約定的保證。那麼，在採購活動中，通常存在哪些保證金的形式？下面將一一介紹。

1. 履約保證金：

在商務合作中，買賣雙方為確保履約而進行的一種財力擔保，稱為履約擔保。通常情況下，履約擔保的形式有履約保證金、履約銀行保函（按：Bank guarantee）和履約擔保書三種。其中，履約保證金可用保付支票、銀行匯票或現金支票；保證金不得超過得標契約金額的一〇%；履約銀行保函是得標人從銀行開具的保函，額度是契約價格的一〇%以內；履約擔保書是由保險公司、信託公司、證券公司、實體公司，或社會上的擔保公司提出擔保書，擔保額度是契約價格的三〇%。一般來說，當契約到期或依法解除時，保證金才會予以退還。如果供應商違約，將會喪失收回履約保證金的權利，並且不以此數額為限。

2. 績效保證金：

在實際工作中，採購方為了保障供應商的供應品質，如產品品質、服務品質等達到預期要求，需要在採購契約中要求對方交納一定的金額，作為績效保證金。如果供應商提供的產品和服務，達到契約規定的要求，採購方則按照規定返還績效保證金。

3. 押金：

所謂押金，是指一方當事人將一定費用存放在對方處，以保證自己的行為不會損害到對方利益。萬一造成損害，則可以將該費用據實支付或者另行賠償。一般情況下，在雙方法律關係不存在、且無其他糾紛後，則押金應予以退還；交納押金的一方在違約時，押金將會被扣除。

4. 信用狀：

信用狀是指由開證銀行依照申請人（買方）的要求和指示，向協力廠商開立、載有一定金額、在一定期限內憑符合規定的單據，付款的書面保證文件。

舉例來說，買賣雙方在剛開始合作時，可能存在互不信任的情形，買方擔心預付款項後，賣方不按契約要求發貨；賣方也擔心在發貨或提交貨運單據後，買方不付款。因此，需要兩家銀行作為買賣雙方的保證人，代為收款交單，以銀行信用代替商業信用。銀行在這一活動中，所使用的工具就是信用狀。

5. 投標保證金：

投標保證金是指在招標投標活動中，投標人隨投標文件，一同遞交給招標人的一定形式、一定金額的投標責任擔保，這主要是為了**保證投標人在遞交投標文件後，不得撤銷投標文件，得標後不得無正當理由就不與招標人訂立契約，在簽訂契約時不得向招標人提出附加條件**，或者不按照招標文件要求提交履約保證金，或者不按照契約要求正常供應貨物，否則，招標人有權不返還其遞交的投標保證金。

投標保證金的形式一般有現金、銀行匯票、銀行本票、支票和投標保函。其中，銀行匯票是匯票的一種，是一種匯款憑證，由銀行開出，交由匯款人轉交給異地收款人，異地收款人再憑銀行匯票，於當地銀行兌取匯款；銀行本票由銀行開出，交由投標人遞交給招標人，招標人再憑銀行本票到銀行兌取資金；支票是出票人簽發的，委託辦理支票存款業務的銀行或者其他金融機構，在見票時無條件支付確定的金額，給收款人或者持票人的票據；投標保函是由投標人申請銀行開立的保證函，保證投標人在得標人確定之前不得撤銷投標，在得標後應當按照招標文件和投標文件，與招標人簽訂契約；如果投標人違反規定，開立保證函的銀行將根據招標人的通知，支付銀行保函中規定數額的資金給招標人。

採購人員依法採取相應的保證金措施，在一定程度上可以確保供應商，能嚴格按照契約規定履行相應的義務，從而減少採購風險。

04 不希望發生但得事先預防：欺詐與糾紛

契約欺詐是以訂立契約為手段，以非法占有為目的，用虛構事實或隱瞞真相的欺騙方法，騙取公私財物的行為。對於該行為，中國在司法上解釋為「一方當事人故意告知對方虛假情況，或者故意隱瞞真實情況，誘使對方當事人做出錯誤的意思表示」。契約糾紛則是指因契約的生效、解釋、履行、變更、終止等行為，而引起的契約當事人的所有爭議。（按：在裁判字號臺灣屏東地方法院民國九十一年度自字第四十八號中提到，「締約詐欺」，即被告於訂約之際，使用詐騙手段，讓自訴人對締約之基礎事實發生錯誤之認知，而締結了一個在客觀對價上顯失均衡之契約。另外也提到，「履約詐欺」，意即被告於訂立契約、而取得投資款之際，自始即抱著將來無履約之誠意，打算只收取告訴人給付之款項，將之據為己有，無意依約履行依合夥契約應盡之分配利潤義務。）

從兩者的定義中可以看出，契約欺詐與契約糾紛雖然都與契約有關，但是兩者卻有本質上的區別。主要在於：

第一，行為人明知自己沒有履行契約的實際能力，或根本沒有履行契約的意願，簽訂契約的目的只為占有對方財物，這就是契約欺詐行為；如果當事人具有履行契約的誠意，只是在履行的過程中，由於客觀原因或主觀原因，而高估自己的履行能力，雖經過努力但仍不見成效的行為，則按契約糾紛處理。

第二，在契約簽訂時和簽訂後，行為人具有履行能力，但卻虛構事實或製造藉口，故意不履行契約，以達到占有對方財物的目的，這就構成契約欺詐；如果當事人由於某種原因，導致工作失誤而造成對方損失，則應按契約糾紛處理。

透過上面的闡述可知，契約欺詐在定性上是存在主觀惡劣性，是一種違法行為。為了避免在工作中遭遇契約欺詐，以下說明契約欺詐通常會有哪些形式：

1. 偽造契約：

欺詐人以非法占有為目的，用偽造契約主體、偽造契約內容等手法，憑空捏造或者虛構契約，騙取他人的財物。這既可以是偽造契約，直接騙取財物，也可以是先偽造一份契約，並用此契約引誘他人與之簽訂，騙取財物。

2. 虛構主體：

欺詐方偽造營業執照，虛構企業名稱、資金、經營範圍等，採用根本不存在的，或者未經依法登記註冊的單位與他人訂立契約，騙取他人財物。

3. 虛構擔保：

欺詐人偽造、變造作廢的票據，或者虛假的產權證明做擔保，引誘他人與之簽訂、履行契約，進而騙取對方的財物。

4. 貨物引誘：

欺詐方利用一些單位或個人急需某種緊缺或暢銷商品的心理，謊稱能提供此類緊急的商品，簽訂虛假的購銷契約，以騙取對方的訂金或預付款。採取該欺詐方法的當事人，一般會偽裝成供應商。

5. 謊稱專利技術引誘：

欺詐方虛構能帶來高利潤的專利、高新技術，打著包指導、包學會、包設備、包回收、包利潤等幌子，引誘對方簽訂契約，從而連續**騙取買方所支付的技術轉讓費**、**培訓費以及設備費等費用**。

6. 其他契約欺詐形式：

其他常見的契約欺詐形式還有盜用、假冒名義（即假冒知名企業的法定代表人或法定代理人、業務負責人，利用偽造的證明文件與對方簽訂契約），以及虛假廣告、資訊引誘（即欺詐方先發布虛假廣告和資訊，引誘他人與之簽訂契約，騙取對方的仲介費、立項費等財物）等，我們在實際工作中要提高識別契約欺詐的能力。

契約欺詐行為中的責任人，通常要承擔侵權民事責任，有些還要承擔違法行政責任，甚至犯罪刑事責任。

相對來說，契約糾紛主要表現在，爭議主體對於導致契約法律關係產生、變更與消滅的法律事實，以及法律關係的內容有著不同的觀點與看法。

在實際工作中，契約糾紛主要表現為有效契約糾紛和無效契約糾紛。

無效契約糾紛是指因契約的無效而引起契約當事人之間的爭議，如契約無效後，契約當事人因各自返還因契約而取得的財產發生的糾紛，契約無效責任應由何方承擔，承擔多少責任等。

有效契約糾紛是指在契約生效的前提下，當事人因履行契約而發生的爭議，包括契約訂立後當事人對契約內容的解釋，契約的履行及違約責任，契約的變更、中止、轉讓、解除、終止等所發生的一切爭議，絕大多數契約糾紛為有效契約糾紛。

關於契約糾紛的處理，主要有四種方式：

(1) 協商，即契約當事人在友好的基礎上，藉由相互協商解決糾紛，這一般是最佳的處理方式。

⑵調解，契約當事人如果不能協商一致，可以要求有關機構（如契約管理機關、仲裁機構、法庭等）調解。

⑶仲裁，契約當事人協商不成，不願調解或無法調解的，可根據契約中規定的仲裁條款，或者雙方在糾紛發生後達成的仲裁協定，向仲裁機構申請仲裁。

⑷訴訟，即契約中若沒有訂立仲裁條款，事後也沒有達成仲裁協議，當事人可以將契約糾紛起訴到法院，尋求司法解決。

總之，採購人員在工作中若是發現存在契約欺詐或契約糾紛，就要依法處理，以維護我方的正當權益。

05 趕不及交貨？材料價格大漲怎麼辦？合約內容哪些可修改？

採購契約在實際履行的過程中，由於各種原因，會導致履行情況發生變化。例如，由於天氣原因影響貨物運輸，導致貨物交付時間延後；或者原材料價格突然大幅度提高，造成貨物價格發生變化等，使得當事人很難完全遵照契約的約定履行。一般情況下，當事人在情況發生後，總是會與對方當事人協商變更契約的部分條款。這就產生採購契約的變更。

通常來說，採購契約變更的方式有兩種：一種是雙方當事人協商變更，另一種是申請法院或仲裁機構裁決變更。關於協商變更，中國《合同法》第七十七條規定：「當事人協商一致，可以變更契約。」（按：臺灣《民法》第二二七條之二規定：「契約成立後，情事變更，非當時所得預料，而依其原有效果顯失公平者，當事人得聲請法院增、減其給付或變更其他原有之效果。前項規定，於非因契約所發生之債，準用之。」）在實際工作中，當事人協商變更契約是最常見的變更方式。當事人就變更內容達成一致的，應當簽訂補充協定，再由雙方當事人簽字蓋章後生效。但在實務上，簽約之後想修改條款，有相當的困難度，用印之前不可不慎！

關於仲裁變更，中國《合同法》第五十四條規定，因重大誤解訂立契約的，在訂立時顯失公平的，被欺詐、脅迫或乘人之危簽訂契約的，受損害的一方當事人有權**請求人民法院或者仲裁機構，變更或者撤銷契約**。另外，採購契約若出現法律規定的，違背當事人意思表示的情形，受損害人可以依法向人民法院起訴，或者申請仲裁機構裁決變更相應契約內容。

關於契約雙方當事人在變更契約內容時，中國《合同法》第七十八條規定：「當事人對合同變更的內容約定不明確的，推定為未變更。」也就是說，採購契約在變更時，相應的變更內容必須明確具體，絕不能模稜兩可。

一般來說，在實際工作中，採購契約變更的內容，主要集中在這幾個方面：①標的物數量的增減、②標的物品質的改變、③金額款項的增減、④履行期限、⑤地點的改變、⑥結算方式的改變、⑦違約金的變更。這些內容的變更，務必具體明確。

那麼，在實際工作中，**哪些契約屬於可變更（包括可撤銷）的範疇**？從性質上來看，可變更的契約主要違反了一方當事人的真實意思表示，並形成該方當事人「**向法院或仲裁機構提出仲裁、訴訟**」的訴權。具體來說，**包括以下這些法定情形**：

一、因**重大誤解**訂立的契約，當事人中任一方均享有撤銷契約的請求權。其中，重大誤解指行為人因對行為的性質、對方當事人、標的物的品項、品質、規格和數量等的錯誤認識，使行為的後果與自己的真實意思相悖，並造成較大損失的，可以認定為重大誤解。

二、在訂立時**顯失公平**的契約，當事人中任一方均享有撤銷契約的請求權。其中，契約的顯失公平是指一方當事人利用自身優勢，或者利用對方沒有經驗等情形，在與對方簽訂契約時，設定明顯對自己一方有利的條款，致使雙方基於契約的權利義務和可觀利益嚴重失衡，明顯違反公平原則。此外，雙方簽訂的契約中，設定某些看似對一方明顯不利的條款，但設立該條款是雙方當事人真實的意思表示，其實質恰恰在於平衡雙方的權利義務。例如，契約中的甲方由於在價格談判中，就價格做出了優惠，同時要求乙方承擔運費，乙方也表示同意，在契約簽訂後，乙方有反悔的情形。針對這種情況，契約一方當事人在簽約後，以顯失公平為由請求撤銷該契約條款的，一般不應予以支持。

三、一方以**欺詐、脅迫的手段或者乘人之危，使對方在違背真實意思的情況下訂立**的契約，契約雙方中的受損害方享有變更、撤銷請求權。對此，我們在前面的契約欺詐部分已經闡述過。

在工作中，我們除了遇到契約變更，有時還會遇到契約更新的概念。那麼，契約變更與契約更新指的是同一件事嗎？答案為否。其中，契約更新是指當事人雙方透過協商，變更原契約的基本條款或主要內容，從而使變更後的契約與變更前的契約，在內容上失去同一性與連續性，導致原契約關係消滅，新契約關係發生。也就是說，契約更新是以一個新的契約取代一個舊的契約。

契約變更與契約更新的區別主要表現在：首先，契約變更僅限於契約內容的變化，而不涉及主體的變更；但在契約更新中，不限於契約內容發生根本性變化，還可能是契約主體的變化。例如，原來的供應商被其競爭對手收購或兼併，這時採購方與原來的供應商簽訂的採購契約，就面臨契約更新的問題。

其次，契約變更是契約內容的非根本性變化，變更前後的契約仍保持一定的相同性和連續性，原契約關係仍然繼續存在並有效，而契約更新是契約內容的根本性變化，在新舊契約的內容之間，可能並無直接的內在聯繫，這種變化直接導致了原契約關係消滅，新契約關係產生。

最後，契約變更主要透過當事人雙方協商來實現，但在特殊情況下，也可以直接依據法律規定而發生；契約更新則是雙方協商一致的結果。

06 契約中沒注意這些，小心吃大虧

前面已經介紹了採購契約管理中的一些風險應對措施，比如，應對契約欺詐、契約糾紛以及契約變更（包括契約撤銷）等風險。那麼，契約管理中，還有哪些需要特別注意的主要風險？以下歸納幾個存在契約管理風險的問題，及其應對措施：

1. 產品描述不確切的問題：

在不少契約糾紛中，由於供需雙方未將商品的規格、型號描述清楚，導致履約中產生糾紛。對此，供需雙方在起草採購契約時，就要明確描述、約定產品的名稱、種類或者品項、規格、型號、品牌、商標、等級、花色、單價等資訊，避免日後產生歧義。

2. 產品數量及品質標準不清楚的問題：

在一些小件商品的採購中，容易出現產品數量方面的糾紛。舉例來說，每套水晶燈的燈具，正常情況下，供應商可以適當的多附加幾個螺絲，以作備用。然而，在供需雙方協議中未對此加以規定，導致水晶燈具因遺失一個螺絲無法安裝，使得供需雙方產生糾紛。

在產品品質標準方面，雙方要釐清具體的參考標準，從而確定產品品質是否合格。總之，供需雙方在採購契約中要詳細規定上述細則，避免在履行契約時產生分歧。

3. 包裝條款約定不明的問題：

在現實中，不時會發生由於產品包裝問題，而導致產品受損的情況。關於供應商應該採用何種等級和材料的包裝，及包裝材料的回收問題，雙方在採購契約中也要明確規定。

4. 契約履行方式、期限、地點約定不清的問題：

履行方式是送貨，還是自行提貨，這不僅涉及運輸費用的承擔問題，還將涉及貨物在運輸途中發生毀損、毀滅風險的承擔問題；履行期限約定不明，將會嚴重影響契約內容是否能順利履行、實施，也會產生逾期交貨等糾紛；契約履行地點不明也會引發爭議。對此，契約中應明確訂出履行的方式、期限、地點，並釐清雙方的義務和權利，避免爭執。

5. 產品交付方面的問題：

採購人員要加強品質驗收風險意識，一旦發現品質出現問題，就要在契約約定的品質異議期限內，提出書面異議，對驗收當場發現的品質問題，可在對方交付的銷貨憑證上直接簽署意見，從而規避風險。

6. 款項交付方面的問題：

一般情況下，盡量避免採用現金支付貨款，若實際工作中需要以現金支付，應由收款方提出加蓋公司財務印章的收款收據，並注明現金收訖；對於透過轉帳形式支付款項的，應將款項轉入契約約定的帳戶，若需要變更帳戶或匯入協力廠商帳號，則應由收款方出具書面的情況說明，避免出現付款後對方又不認帳的情形；對於透過以票據（支票、匯票、本票）形式支付款項的，在填署票據時，應確保與契約署名的主體相一致；若不一致，則要讓對方提出情況說明文件，同時要避免將空白票據交付對方，避免失控情形及遺留隱患。

7. 發票交付方面的問題：

採購方要建立發票交付的書面簽收制度，製作並保留好發票交付的簽收憑證。

8. 應契約一方要求，向協力廠商履行義務的問題：

在實踐中，有時會面臨契約需求方應供給方要求，轉向協力廠商付款的情形。為了避免風險，對於事先商定的，關於向協力廠商履行契約的具體物件等細節問題，應在契約中明確約定；若是中途改變，則應由雙方達成補充協議，或由要求方提出書面確認函件，並重申、釐清權利義務的承擔主體。同時，履行方還應蒐集、整理好對協力廠商履行契約義務的事實證據。

9. 違約條款不明確、缺乏操作性的問題：

在很多採購契約中會提到違約金，但是對於適用違約金的具體情形，以及違約金的具體數額或比例，有些契約卻未做出合理的約定，從而產生契約糾紛。對此，契約雙方應客觀、合理的設置違約條款的適用情形，以及合法有效的設定違約金數額與比例，以便於追責。

10. 契約解除約定不明的問題：

雙方應在契約中明確規定解除契約的內容，包括具體的解除情形，解除的程序性要求，以及解除後法律後果的承擔，有效確保契約解除權的行使，保障彼此的正當權益。

11. 訴訟時效方面的問題：

在實踐中，有些契約受害人在維護個人權益，尤其是民事權益時，由於超過法律訴訟時效而得不到法律的保護，造成無法挽回的經濟損失。因此，為了避免喪失法律保護，採購人員應樹立訴訟時效觀念，同時，採購方企業最好有我方的專業律師，或懂法律的人員。

12. 證據蒐集方面的問題：

在一些有關契約糾紛的官司裡，當事人在訴訟環節，常因證據不足或缺乏事實證據，而得不到法律的保護，造成自己的經濟損失。因此，當事人要注意保留和蒐集契約及附件，以及在契約履行過程中形成的補充協議、送貨單、購銷憑證、發票簽收紀錄、雙方的來往函件、備忘錄、會議紀要、傳真文件、交通票據、運輸單、電話紀錄、電子郵件等書面、影片、錄音資料，一旦發生糾紛，這些證據都將可能成為有力的事證。

07 採購訂單該如何管理？切忌坐等收貨

採購訂單是企業根據產品的用料計畫，和實際能力以及相關的因素，所制訂出切實可行的採購訂單計畫，並下達至供應商執行。在執行過程中，採購人員要注意追蹤訂單，使企業能購買到所需的商品，為生產部門和需求部門，提供合格的原材料與配件。有時，供需雙方簽訂的採購契約本身，便有採購訂單的功能；另外，雙方也可以在簽訂契約後，開始具體在產品供應中經手採購訂單的工作。

採購訂單的日常處理，主要涉及三項內容，分別是：

1. 採購訂單的明細管理：

採購訂單的明細管理，主要是管理採購訂單各項目，使企業相關部門能明確的掌握商品訂貨情形。當採購單位決定採購的物品後，企業通常會寄發訂購單給供應商，以作為雙方將來交貨、驗收、付款的依據。

訂購單的內容主要側重於交易條件、交貨日期、運輸方式、單價、付款方式等。由於用

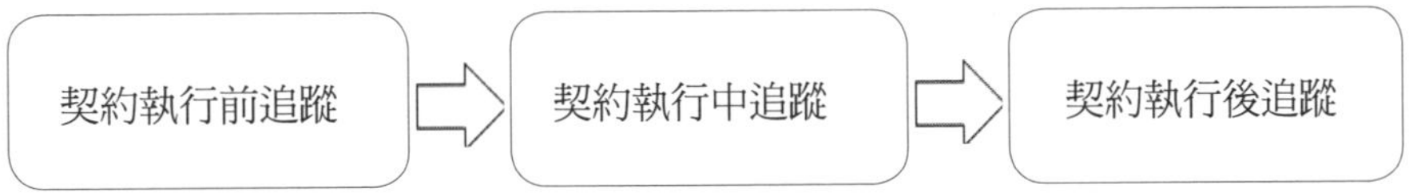

圖5-1　採購訂單的追蹤過程

途不同，訂購單可分為廠商聯（第一聯），作為供應商交貨時間的憑證；回執聯（第二聯），由供應商簽字確認後，寄回企業；物料聯（第三聯），作為企業控制存量和驗收的參考；請款聯（第四聯），作為結算貨款的依據；承辦聯（第五聯），由製發訂購單的單位留存。

2. 採購訂單的追蹤管理：

追蹤訂單是採購人員的一項重要職責，可以依此有效促使契約正常執行，滿足企業的商品需求，保持合理的庫存水準。在實際訂單操作過程中，契約、需求、庫存三者之間，難免會產生矛盾，主要的表現為由於各種原因，契約難以執行，需求不能滿足，從而導致難以控制缺貨、庫存。因此，能否恰當的處理供應、需求、緩衝餘量之間的關係，是衡量採購人員能力高低的關鍵指標。在實際工作中，採購訂單的追蹤過程如圖5-1所示。

在圖5-1中，所謂契約執行前的訂單追蹤，是指採購人員在簽訂契約前，須了解供應商是否接受訂單。一般來說，同一種商品往往有幾家供應商可供選擇，如果某家供應商確實難以接受訂單，採購人員可以及時選擇其他供應商。同時，在與供應商交涉中產生的文件，要隨時存檔備查。

所謂契約執行中的訂單追蹤，是指採購方與供應商簽訂正式的採購契約後，採購人員應全力追蹤，並且與供應商相互協調，建立有效的業務銜接、作業規範的合作框架。在這個過程中，**要嚴密追蹤供應商準備商品的詳細過程**，確保訂單正常執行。

在追蹤過程中，發現問題要馬上回饋，需要中途變更的要立即解決，以免耽誤時間。同時，採購人員須密切回應生產需求形勢。例如，由於市場原因需求緊急，要求本批商品立即到貨，採購人員應馬上與供應商協調，必要時可幫助對方解決疑難問題；有時，市場需求出現滯銷，企業經研究後決定延緩，或取消本次訂單的商品供應，採購人員也應盡快與供應商溝通，確定其可承受的延緩時間，或終止本次訂單操作，付給供應商相應的賠款。

此外，**採購人員還要慎重的控制庫存**，從而既保證銷售正常，又保持最低的庫存水準。在商品驗收環節，採購人員應確保按照原先所下的訂單，確認到貨的物品、批量、單價及總金額等，並進記錄歸檔，辦理相應的付款手續。

契約執行後的訂單追蹤，是指採購人員應按契約規定的支付條款，付款給供應商，並加以追蹤。如果供應商未收到付款，便需要適當的督促付款人員，按照流程規定付款，否則會影響企業信譽。另外，**商品在使用過程中可能會出現問題**，採購人員可以按照問題大小，與供應商及相關人員解決。

3. 採購訂單的使用管理：

隨著電腦和網路的普及，在實際工作中，有的採購訂單會採用電子訂單形式，有的沿用以往的紙質訂單，兩者在依法採用的情況下，法律效力是同等的。一般來說，採購人員將訂單發給供應商，供應商在原件上簽字後、將其送回給採購方，表明供應商已收到訂單並同意訂單的內容。從法律上來講，發送訂單的採購部門構成要約提供者，而確認訂單的供應商則構成要約接受者，提交和接受是具有法律約束力的要約中，兩個重要組成部分。

採購人員在工作中會經常與採購訂單打交道。俗話說熟能生巧，只要多看、多聽、多練、多實踐，就一定會在處理採購訂單上，做到游刃有餘。

08 供應商無法準時交貨？企業要從以下四點改進自己

在很多時候，雖然供需雙方已簽訂採購契約，及時交貨成了一件看似簡單的事情，但在實際操作中，簽了採購契約，卻趕不上交貨的現象其實由來已久，甚至頻頻發生。

在實際工作中，未及時交貨往往會對需求方造成難以估量的損失。例如，對於製造業來說，任何一個零件出現短缺，必然直接影響到生產計畫的安排，以及產品的上市銷售。很多時候，由於供應商不能及時交貨，使得企業不得不尋求其他辦法，來協調解決缺料的問題，甚至付出數倍的時間、精力與成本。

乍看之下，交貨趕不上的表層現象，在於採購契約交貨期到來時，供應商無法按時交貨，或交貨數量無法滿足需求，出現交貨延期。那麼，**出現無法及時交貨的真正原因是什麼？這主要包括七個方面，即客戶、市場、研發、計畫、採購、供應商和材料**。比如，客戶催貨數量多、時間緊；市場部門接到大的訂單，需要增加產品產量；研發部門設計新產品，採用了新興的零組件；計畫部門調整生產計畫；增加了產品產量；供應商產能有限；材料的上游原材料出現緊缺等，這些原因都可能導致供應商不能及時交貨。總之，別一味的怪罪供應商，大部分原因出在自己。

為了解決不能及時交貨的問題，便要整合其他內外資源，從下述四個方面重點改進。

1. 產品線要發揮駕馭全域的核心作用：

每一個產品都歸屬於相應的產品線，所以，產品線對於產品而言，具有駕馭全域的核心領導地位；它決定了產品的市場定位和生命週期定位，因此要依據產品的不同定位，控制調整原材料採購的頻率和策略，從而妥善應對隨時變化的市場供求形勢。同時，還要對不同原材料實施替代、升級、預測等工作，以應對原材料市場的變化。產品線作為產品的經營者，要對與其相關的所有工作負責，還要**高度關注產品需要的全部原料，是否能及時交貨**。

具體來說，產品線可以根據產品的市場定位，決定原材料的採購方式。例如有些材料貨期長、供貨緊張，產品線就應**建立必要的安全庫存**，提供必要的預測資料，以緩解未來需求的緊張壓力；而對於生命週期短的產品，採購方式就應以短期內現貨供應為主，要注重交貨實效。

產品線還要配合市場體系**做出必要的中、長期預測**，並不斷**提高預測的準確性**；針對產品中的「危機材料」，產品線要及時防範，切勿掉以輕心。其中，停產材料、供不應求的材料、使用的客戶較少的材料、產能有限的材料等，都屬於危機材料，產品線要立即、有效的執行替代、升級零件等工作，以降低危機材料帶來的風險。

2. 計畫部門擔當起防範風險的任務：

計畫部門是將主生產計畫，轉化為實際採購計畫指令的運行部門，應調整、控制材料交貨計畫與庫存，以達到原材料及時齊套，與控制庫存的目標。由於市場預測的不確定性，與原材料供貨市場的波動，計畫部門承擔的防範風險作用尤為突出。為此，計畫部門應盡量減少計畫的波動，根據原材料的貨期資料及時下達計畫，更要針對危機材料，建立遠期備貨計畫。

3. 市場銷售部門提供必要的預測資訊：

市場銷售部門的重點在於占領市場，擴大市場占有率，其前提是有充足的產品供應保證，以及最短的供貨時間，所以，市場銷售與原材料採購及時交貨密不可分。對此，市場前線人員要根據銷售的市場態勢，及時預測和調整產品的變化，以便計畫部門相應做出原材料採購的布局變動，從而為採購部門提供相應的資訊支撐，以更確保及時交貨。

4. 採購部門保證及時交貨：

採購部門將與供應商簽訂的買賣契約，作為交貨的基本憑證，如果出現供應商未及時交貨的現象，從採購部門的角度來說，對於因供方的原因造成無法及時交貨的情況，應依據契約條款向對方索賠，或要求限期補救；對於因買方原因造成相同情況，買方自身應積極改善工作，避免以後出現類似的問題。

此外，採購部門還可以針對不同類別的原材料，採取不同的採購方式，從而優化交貨時間；加大訂單追蹤力度，定期與供應商溝通，及時發現、處理問題，重視蒐集與回饋供貨市場訊息；對影響交貨的因素立即採取應對措施等。

一般而言，採購中的及時交貨非小事，即便供需雙方簽訂具有法律約束力的契約，雙方的採購訂單也在運轉中，採購人員仍要密切關注交貨動態，避免由於未及時交貨，給企業帶來不利的影響。

範本一：採購契約

（契約編號：　　　　　　）

甲方（單位名稱）：	乙方（單位名稱）：
開戶銀行：	開戶銀行：
帳號：	帳號：
聯繫電話：	聯繫電話：

根據相關法律的規定，為明確契約雙方的權利與義務，經過雙方友好協商，現達成以下條款：

一、產品名稱、型號、數量、價格

產品名稱	規格型號	單價	數量	總價
合計				
註：大寫數字——壹、貳、參、肆、伍、陸、柒、捌、玖、拾、零、佰、仟、萬、億、元、角、分、整。				

二、付款時間與方式

1. 甲方於收到××產品××日內，全額支票支付乙方契約全部貨款。
2. 乙方於貨款入帳××日內，提供甲方全額增值稅專用發票。

三、交貨方式、交貨日期及交貨地點

1. 交貨日期：契約生效後××日內，乙方交付甲方××產品。乙方收到甲方貨款後，交付甲方××產品。
2. 交貨地點：甲方指定地點。

四、品質標準

1. 乙方所提供產品的技術指標，應符合國家頒布的標準。
2. 在品質保證期內，如果乙方提供的產品出現品質問題，乙方需要在 1 個工作日內做出相應處理，在 3 個工作日內做出完備處理。特殊情況需要乙方免費提供備用品給甲方使用，不得因產品品質問題影響甲方的正常生產。

五、違約責任

1. 除不可抗拒事件，任何一方不得違反本契約條款。
2. 如發生交貨日期延遲，乙方每延誤一天交貨，須按契約總額的5‰向甲方支付違約金；甲方不得拖欠乙方貨款，如甲方沒有按期支付，每延誤一天，須按契約總額的5‰向乙方支付違約金。違約金最多不超過契約總金額的10%。

六、爭議的解決

凡因執行本契約所發生的爭議，或與本契約有關的一切爭議，雙方應透過友好協商解決。如果協商不能解決，依照相關法律，由雙方認可的仲裁部門解決或向法院起訴。

七、其他事項

本契約一式兩份，甲乙雙方各持一份，具有同等法律效力。契約附件與本契約具有同等法律效力。本契約自甲乙雙方簽字蓋章之日起生效，傳真文件具有同等法律效力。

甲方（蓋章）：	乙方（蓋章）：
代表人簽字：	代表人簽字：
日期：	日期：

範本二：採購訂單

甲方單位名稱		訂購單編號	
公司地址		訂購單日期	
聯繫電話		承辦人	

本公司（甲方兼買方）向貴公司（乙方兼賣方）訂購下列商品，經雙方同意，議定如下：

乙方名稱		送貨方式	
公司地址		交貨地點	
聯繫電話		聯絡人	

序號	商品名稱	商品規格	數量	單位	單價	總價	交貨期

（接下頁）

備註：

1. 乙方接到本訂單，請盡速確認，並回覆本公司。
2. 乙方應確保產品品質完好無損與上述交貨期規定。
3. 乙方已確認該訂單、卻逾期交貨者，本公司有權取消訂單。
4. 乙方請務必將訂單號碼註明於送貨單及發票等資料上。
5. 付款條件與方式按照採購契約中的規定執行。
6. 乙方如有違反本訂單內容規定，發生交期延遲、數量不足的情況，按訂單總金額的 10% 作為賠償；若乙方連續 3 次出現交期延遲的狀況，甲方有權扣除乙方提交的保證金；若乙方所供貨物不足該訂單要求的數量，乙方必須在甲方要求期限內補充完畢剩餘數量，若乙方連續出現 3 次供貨數量不足的情況，甲方有權扣除乙方提交的保證金；若乙方供應產品的品質不合格，乙方應全部無條件更換出現品質問題的產品，對甲方構成事實損害的，應加計賠償額的 10% 予以賠償；若乙方超過本訂單數量交貨，對於超交部分本公司將不付款，且不負保管之責任。
7. 訂單執行中如有任何問題，請與本公司採購業務承辦人洽談。

甲方簽章：	乙方簽章：

第6章

產品品質要好，得從原料的採購開始管理

如果採購品質有保障，在很大程度上有助於保證產品品質，從而有利於強化企業和產品的品牌信譽。美國著名企業管理大師湯姆．彼得斯（Tom Peters）曾說：「品質等於利潤。」若要從根本上保障品質，就離不開對採購環節的品質管理。

01 採購部門是利潤中心，不是花錢單位！

美國奇異公司（General Electric Company，簡稱GE）前執行長**傑克．威爾許**（Jack Welch）認為，採購部門不是成本中心，而是企業真正的利潤中心之一；用他的話來說就是：「**採購和銷售是公司唯二能『掙錢』的部門**，其他任何部門發生的都是管理費用！」的確，採購管理作為企業管理中的一個重要環節，在企業營運中，還具有成本比重高、資金投入大、管理環節多等一系列特徵。據統計，採購環節的成本每降低一%，企業利潤將增加大約一〇%。可見，在增加企業利潤方面，採購所起的槓桿作用尤為明顯和重要。

其實，曾經在很長的時間裡，採購在絕大多數的企業中，都被視為一個「花錢」的部門，是企業活動中的「成本中心」。既然認為採購是企業的成本中心，於是便會不斷要求採購部門降低採購成本，從而減少開支、提高企業利潤。可見，即便在企業這樣的傳統思維中，無形中也是將採購管理，視為提高企業利潤的一個重要途徑。那麼，在當前激烈競爭的市場環境中，企業要想提升自己的綜合競爭力，更需要在加強和規範採購管理、提升採購品質方面下足功夫。

無疑，任何企業在採購中，都要不同程度的花錢，既然每間公司都要在採購上花錢，那麼，如何利用專業能力和談判技巧、比競爭對手花更少錢，或者獲得更好的採購品質，也是形成競爭優勢的有效手段。據統計，製造業外購的材料及零組件，占企業採購成本的六〇％左右，而材料價格每降低一％，在其他條件不變的前提下，淨資產回報率可以增加一〇％至一五％。從這些資料來看，採購不折不扣的可謂企業的「利潤中心」。

採購的重要性，不僅需要我們嚴格保障採購物件的品質，更要對採購工作本身精益求精，只有這樣，才能減少過程中發生不協調問題。實際上，不少企業在這項工作中面臨許多困難，諸如新聞媒體報導的採購黑幕等事件，讓採購常與回扣、黑箱作業等名詞連在一起。

一般來說，採購工作品質的整體上升與這些因素有關：採購人員的職業道德與規範、價格成本分析、總成本分析、談判策略和技巧、供應商合作夥伴關係、供應商評估、品質改進與保證、採購策略與規畫、採購流程優化以及協調與合作技巧。如果在採購工作中，一一優化這些因素，就有助於從根本上遏制採購的所有負面形象，使其變得更正面而專業。

在實際工作中，為了從整體上改善採購工作，結合前面的相關闡述，下述三個方面可謂在其中發揮著非常重要的作用：

1. 採購計畫：

通常情況下，採購成本最大的浪費，就在於缺乏準確的採購計畫。這是因為，計畫不準確導致原材料大量積壓，或者停工待料的現象很普遍。為此，企業要制訂合理的採購計畫，以便在恰當的時間、用合宜的資金購買適合的物料。

2. 供應商管理：

對於任何採購人員來說，選擇合適的供應商是一項重要工作；廠商的好壞，直接決定企業的採購工作是否有效、能否控制採購成本和產品品質。為此，企業要加強供應商的允入控制和資格的審批，建立完整的供應商檔案和完備的價格資料庫，根據過去的表現（如價格、交期、品質等）來幫助企業綜合評估、選擇與淘汰供應商。

3. 採購價格管理：

每一間企業都會有嚴格的採購價格規定，但在實際工作中常是「上有政策，下有對策」，因此，能否有效遵守和貫徹規定，經常是管理的難處。為此，企業還要**加強對採購的過程管理，包括有效記錄採購中的每一次詢價議價**，使得每一次採購工作都能夠有據可查。

正如傑克．威爾許所言，採購是企業的一個利潤中心。既然這樣，企業就應高度重視採購工作，扎實的做好相應的管理，讓採購工作精益求精。

02 產品規格滾瓜爛熟，是採購品質基本功

中國有個地方政府統計轄區內出口退運貨物，因產品規格不符合標準，而形成品質問題、並造成退貨的，占退貨總量的七〇%左右。由此可見，採購人員要對產品品質有足夠的認識，尤其是要對用來說明品質的規格，要有一定了解。

一般而言，我們在採購中提及的「適當的品質」，是指品質可以滿足買方使用目的。一般情況下，人員在採購物品時，總會對產品品質有一定的要求，但是這些**品質要求如何以某種標準描述形式表達，並能夠清晰的傳達給供應商，不產生歧義？這就需要用到規格**。

所謂規格，是買方將採購產品的要求品質及一切條件，告知賣方的文書說明，也是在驗收環節能否接收的依據。從技術層面來看，規格可以分為主要規格和次要規格。其中，主要規格又稱主要機能，一般透過性能、成分、純度、韌性等詞彙描述，可以影響產品能否正常使用；次要規格又稱次要機能，如指定廠牌等，一般不宜做過多限制。接下來將以生活中常見的物資器材為例，看一下主要規格有哪些，具體內容見下頁表6-1。

表中列舉的主要規格僅供參考，在實際工作中，我們通常會接觸到更多的規格類型。一

表6-1　物資器材的常見主要規格示例

序號	物資器材項目	一般主要規格描述
1	筆記型電腦類	顯示卡類型、記憶體容量、效能等級、螢幕尺寸、顯示卡視訊記憶體容量、作業系統、CPU 平臺、傳統硬碟的容量。
2	智慧型手機類	機身顏色、網路模式、CPU 型號、運行記憶體、電池容量、儲存容量。
3	食品類	淨含量、是否含糖、口味、有效日期、包裝方式、成分表、食品添加劑。
4	白酒類	成分表、體積、香型、生產日期、酒精純度、儲藏方法。
5	傢俱類	重量、傢俱結構、顏色分類、安裝方式。
6	燈具類	燈身主材質、保固年限、光源類型、照射面積、顏色分類、燈罩主材質、適用電壓。
7	感測器類	輸出訊號、材料、製作工藝、類型。
8	電源線類	纖芯材質、接口類型、線材材質。
9	基本金屬類	含碳量、密度、拉力。
10	化學品	成分、純度、重量、反應時間。

般來說，採購人員在使用規格描述產品描述時，應遵循什麼樣的原則？一是通用性原則，即採購的產品要採用國際性，或國內通用性的規格，從而使得產品符合標準化要求，減少品質上的不足；二是標準公差原則，一般來說，產品品質的實際效果通常和預期會有些出入，對此，採購人員一定要嚴格限制品質出入差距的幅度，從而更妥善的控制品質；三是新穎性原則，採購人員確定的產品規格，要能適應本企業的設計，與生產上的實際需求。

表6-2　不同規格類型對應的適用場合

規格類型	適用場合
品牌或商標	·通用產品。 ·與一個特殊的品牌有關，將使公司產品形成差異化時。 ·品質比成本更為重要時。
供應商／行業編碼	·簡單項目。 ·易於從一個特定的供應商處採購。
樣品	·採購前很難評價品質。 ·當展示需求比用文字描述，或確認它來得更容易時。
技術規格	·供應商是否具有所需的設計專有知識和技能。 ·企業產品競爭優勢維繫的需要。 ·現有設備的介面需要。
組成規格	·採購原材料、大宗商品和食品等產品。 ·性能依賴於構成。
功能／性能規格	·注重功能與性能創新。 ·供應商所處行業的技術變化比較迅速的。

通常在實務上，會面臨很多規格類型，那麼，這些規格類型都適用於哪些場合？上表6-2列舉若干類型及其適用場合，以供參考。

總結來說，採購人員要能夠靈活運用規格，以精準的描述採購物件，從而增強採購品質，與企業需求之間的匹配度。

03 如何用制度管理採購品質？範例供參照

在採購品質管理中，企業制訂相應的管理制度，有助於提高效率、降低成本，滿足企業對優質資源的需求，以及規範採購流程。接下來，將透過一個採購品質控制管理制度的範例，進一步了解如何用制度管理採購品質。

範例：採購品質控制管理制度

1. 制訂本制度的目的：

為了嚴格檢驗採購物資的品質標準，確保物資符合公司的品質標準和要求，杜絕不合格物資入庫，現結合本公司的實際情況，特制訂本制度。

2. 適用範圍：

本制度適用於本公司採購的所有物資之品質檢驗。

3. 職責規定：

品質控管部門負責編制《產品檢驗控制標準》，負責對訂購物資送貨前的品質監督和檢驗，與驗證供應商提供樣品的品質，並蒐集、分析、回饋，和處理所有採購物資品質資訊。

4. 採購品質控制的基本原則：

(1)必須向評定合格的供應商採購。

(2)採購前應提供有效的採購文件和資料。

(3)對突發所需的特殊物資和急用物資，可向未評定的供應商採購，由品質控管部門驗證物資，待驗證合格後，即可進行。

5. 採購物資檢驗的依據：

(1)採購部與供應商簽訂的採購契約。

(2)供應商出示的品質認證。

(3)供應商出示的產品合格證。

(4)採購物資技術標準。

(5)物資工藝藍圖。

(6)供應商提供的樣品和裝箱單。

6. 採購物資的檢驗：

(1)採購物資送貨前，採購跟單部應以書面形式，通知品質控管部門檢驗。

(2)品質控管部門檢驗專員負責抽樣檢驗採購物資，按《產品檢驗控制標準》的規定檢查，並填寫相應的「產品檢驗報告表」。

(3)採購物資檢驗合格後，方可安排送貨。

(4)若採購物資檢驗不合格，採購跟單部應及時與供應商溝通、處理。

(5)本公司各有關部門配合採購部蒐集、分析和回饋採購物資的品質資訊，必要時對供應商提出改進建議。

7. 影響採購物資檢驗方式的因素：

(1)採購物資對產品品質、經營活動的影響程度。

(2)供應商品質控制能力，及以往的信譽。

(3)該類物資以往經常出現的品質異常情況。

(4)採購物資對本公司營運成本的影響。

8. 採購物資檢驗方式的選擇：

(1)全數檢驗：適用於採購物資數量少、價值高、不允許有不合格品的物料，或工廠指定全數檢驗的物料。

(2)抽樣檢驗：適用平均數量較多、經常使用的物資。一般工廠的物資採購均採用此種檢驗方式。

(3)免檢：適用於大量低價值輔助性材料、經認定的免檢廠採購貨物，以及因生產急用而特批免檢的物資；對於後者，檢驗專員應追蹤生產時的品質狀況。

9. 採購物資檢驗程序：

(1)技術部編制《採購物資品質標準》，由技術部經理批准之後，再發放採購檢驗人員執行。

(2)品質管理部編制《採購物資檢驗控制標準及規範程序》，經品質部經理審批後，發放相關檢驗人員執行，檢驗的規範包括貨物的名稱、檢驗項目、方法及紀錄要求。

(3)採購部根據到貨日期、到貨品項、規格、數量等，通知倉儲部和品質管理部，準備檢驗和驗收採購物資。

(4)採購物資運到後，由倉儲部倉管人員檢查採購物資的品項、規格、數量（重量）、包裝情況，填寫「採購物資檢驗報告單」，並通知採購檢驗專員到現場抽樣，同時對該批採購物資貼附「待檢」標識。

(5)採購檢驗專員接到檢驗通知後，到標識的待檢區域按《採購貨物檢驗控制標準及規範程序》檢驗物資，並填寫「採購物資檢驗報告單」，交採購物資檢驗主管審核。

(6)採購檢驗專員將通過審批的「採購物資檢驗報告單」，作為合格物資的放行通知，通知倉管人員辦理入庫手續。倉管人員按檢驗批號標識採購物資後入庫，只有入庫的合格品才能由倉管人員控制、發放和使用。

(7)檢驗專員儲存和保管抽樣的樣品。

(8)檢測中不合格的採購物資，根據公司制訂的《不合格品控制程序》的相關規定處置，不合格的採購物資不允許入庫，由採購人員移入不合格品庫，並進行相應的標識。

(9)若是來不及檢驗和試驗緊急採購物資時，就必須按緊急放行相關制度規定的程序執行。

(10)採購部按規定期限和方法，保存採購物資檢驗的紀錄。

10. 採購物資檢驗結果處理：

(1)經採購檢驗專員驗證，不合格品數低於限定的個數時，則判定該批送檢貨為允收，檢驗專員應在「進料檢驗報告表」上簽名，蓋檢驗合格印章，通知倉儲部收貨。

(2)若不合格品數大於限定的個數，則判定該批送檢貨為拒收。檢驗專員應在「進料檢驗報告表」上簽名，蓋上「檢驗不合格」印章，經相關部門會簽後，交倉儲部、採購部辦理退貨事宜。同時在該批送檢貨品外箱標籤上蓋「退貨」字樣，並掛「退貨」標牌。

11. 需參考的相關文件：

採購人員需參考的相關文件主要有「原材料入庫單」、「進料檢驗記錄單」、「供應商名單」，以及相應的採購訂單。

其實，正如俗話所說：「沒有規矩，難成方圓。」企業要做好採購品質的管理，就不可缺少一套切實可行的管理制度，從而幫助企業贏在制度、贏在採購品質。

04 採購不能忽視的最後一關：驗收。怎麼驗？

在採購活動中，物品驗收是品質管控中非常重要的環節。其中，物品驗收是指驗收人員對照訂購單或驗貨記錄單上，物品的品名、規格、數量、價格、品質等，並輔以必要的驗收工具，依次逐項檢查，從而為企業提供合格的原材料。如果驗收人員發現有不合格品，要立即開具「採購不合格品處理記錄表」（如第二四二頁表6-3所示），及時回饋供應商，並採取退換貨的措施。

一般來說，每個企業都會對採購驗收環節，制訂相應的管理規定。接下來列舉若干驗收環節的管理規定，以供參考：

1. 物品驗收原則：

(1)填寫收貨記錄單要數字清晰、內容完整、計算準確。

(2)物品驗收要及時，數量準確無誤。

(3)嚴格按照物品合格的品質標準，或提供的物品樣本驗收。

(4)除直供物品外，其他驗收的物品必須嚴格履行出入庫制度。

(5)在驗收過程中若發現問題，要積極回報，確保資訊暢通。

2. 採購員驗收職責：

(1)按照規定驗收時間，準時參與驗收。

(2)貨到後積極通知各驗收部門或驗收人員，參與到貨物品驗收。

(3)驗收過程中，關注物品的到貨情況和解決相關問題，當供應商未按訂購數量到貨或未到貨時，應督促其盡快補貨或發貨。

(4)協助使用部門把關物品品質，協助驗貨員嚴格對照訂購單數量或重量驗收。

(5)負責蒐集供貨單位的良窳及物品合格證、生產許可證等資料，並自行存檔，或交倉庫區域存檔。

(6)負責制訂供應商考核管理細則，定期組織使用部門、財務部、採購部，共同評比供應商各項程序的執行情況及信用狀況。對於連續評比優秀的，可適當給予獎勵；對於連續評比較差的，則取消其供貨資格，另選定合作者。

(7)負責在物品驗收完畢後，督促相關部門和人員，打掃驗收現場衛生。

3. 倉庫管理員驗收職責：

表6-3　採購不合格品處理記錄表

品名		生產日期	
規格		數量	
採購日期		採購人	
供應商名稱		不合格紀錄編號	
不合格原因			
處理過程	過程監督人： 年　月　日		
審核	審 核 人： 年　月　日		

(1)負責入庫物品的驗收工作。

(2)驗收時，主要注意入庫物品的生產日期、合格證、生產許可證、有效期限、批號、規格、產地等品質標準（可參見國家標準）。

(3)驗收後，即時將入庫物品準確無誤的輸入庫存管理系統，並定期匯總相關驗收單據、上報財務部。

4.使用部門負責人或指定人員驗收職責：

(1)按照規定的驗收時間準時參與驗收。

(2)主要負責購進物品的品質，確保所進物品能滿足企業的正常生產需求。

(3)依據本部門填報的申購單據，逐項一一驗收。

5.採購驗收程序具體規定：

(1)驗收員**根據採購部遞交的各部門物品**

申購單，填寫收貨記錄單，逐項填寫供應商名稱、使用部門、收貨日期、物品名稱、單位名稱，於驗收合格之後再填寫到貨數量或重量，驗收價格根據審批後的詢價表填寫。同時，驗收員應**準備合格的驗收工具**（如電子秤、量尺等）。

(2)供應商將貨送到後，採購員要立即通知驗收員、倉管員、相關使用部門或專業人員，到指定地點集中驗收。

(3)各驗收人員嚴格按照各自的驗收職責，分別檢驗與核實物品。其中，若申購單與實際收到物品名稱、規格或品質不符，則不予驗收；超出申購單數量或重量的部分，不予驗收；若各驗收人員對品質表示不同意見，由相關使用部門負責人決定是否接收。如接收，該相關使用部門負責人應簽字確認。經簽批過的申購單，不得刪減或增添其中的內容。

(4)進貨檢驗發現不合格品時，檢驗員在檢驗報告中描述不合格品的類型及程度，同時在物料外包裝上標明不合格標識；倉管員將其放置在不合格品區域，做好標識和紀錄，通知採購部；採購部得到倉儲部的通知後，聯繫供應商、協商解決，並以供需雙方事先約定的不合格品處理標準作為處理依據，在採購申請單上詳細說明，包括交貨時間、檢驗標準、包裝方式等。

(5)若採購方向供應商索賠無效，可依據契約要求仲裁；若仲裁無效，採購方可依據與對方簽訂的採購契約等法律文件，向法院提出訴訟。

一般來說，驗收環節是採購中品質管理的最後一關。如果驗收通過，意味著採購方須依照約定，支付相應貨款給廠商，同時，採購的物品也將直接運用於正常的生產流程。對此，企業務必要加強驗收環節的品質管控。

05 採購品質如何從源頭控管？五個方法

企業採購的貨物源於供應商，基於此，採購方除了自身要做好品質管理，還要能從源頭控制採購品質。也就是說，採購方要與供應商聯合行動，從供應商開始就要嚴抓品質管理，只有上游水清，下游的水才有可能清澈；若上游泥沙俱下，下游再費力也是枉然。所以，接下來了解一些對供應商執行品質管理的方法，供大家參考。

1. 制訂「聯合品質計畫」：

企業在採購商品時，不僅是購買商品本身，從某種程度上來說，還購買了供應商在產品設計、製造工藝、品質控制等方面的能力，因為正是這些能力，構成採購方獲得的商品品質狀態。所以，為了保障採購品質，雙方就必須彼此協調，其中一個重要的辦法就是制訂聯合品質計畫。

一般來說，聯合品質計畫中主要包括經濟、技術、管理三個方面。第一，經濟方面聯合的內容，主要是綜合平衡成本、品質、交貨期、使用費用等方面，以便實現最佳成本。第二，技術方面聯合的內容，主要包括兩點：一是在產品設計上，雙方要釐清技術條件要求的含義，識別對產品的安全性和功能，發揮重要作用的品質特性，擬訂關於可靠性及其他有關的要求，必要時還要提供感官檢驗標準；二是在工藝設計上，雙方要明訂關鍵工序的參數及其含義，確定相應的設計和操作方法，制訂加工控制程序表、設備維護保養表等。第三，在管理上，供需雙方要建立迅速、靈敏的資訊回饋系統，變單向溝通為雙向溝通，綜合提升採購管理水準。

2. 及時掌握供應商生產狀況的變化：

由於企業在經營中面臨的內外環境變化，使得供應商的生產狀況也會隨之改變。因此，採購方要**及時掌握供應商的情況，對於對方發生的一些重大改變，應要求對方向採購方報告**。比如，供應商在產品設計和結構、製造工藝、檢驗設備等方面發生重大變化，就應馬上向採購方報告。採購方在接到報告後，要分析情況，必要時應到供應商處直接了解情況，以弄清楚這些變化對產品品質的影響。

在多數情況下，供應商變更產品設計，採取新材料、新設備、新工藝，是為了提高商品品質和生產效率，對保證商品品質是有益的。即便如此，由於任何改變都有一段適應的過程，在變更的初始階段，還是容易造成商品品質不穩定，這就需要採購方透過加強最終檢驗，和品質達標試驗嚴格把關。

3. 派常駐代表至供應商：

有的時候，為了直接從源頭控制產品品質，採購方還會選擇派常駐代表到供應商處，直接掌握商品品質狀況，也便於對供應商提出具體的商品品質要求，並了解對方在品質管理方面的相關情況，如設置品質管理機構，編制品質體系文件，建立、實施品質體系，產品設計、生產、包裝、檢驗等情況，特別是要監督出廠前的最終檢驗和達標試驗，核實並確認供應商提出的品質證明材料，從而在供應商內部進行品質把關。

這種直接派常駐代表的方法，有助於全程、全面的檢查和監督供應商的商品品質，進而及時發現問題，便於對方盡快重新製造或加工，在一定程度上降低對方的品質成本，另外，也便於從源頭發現問題、解決問題。

4. 定期排序供應商：

排序供應商的目的，是為了評估供應商的品質及綜合能力，以及為是否保留、更換廠商提供決策依據。在實際工作中，很多企業都會選擇**排序供應商的綜合服務品質水準**，以此作為供應商管理的重要措施。在排序時，有些指標通常會發揮重要的作用，比如品質保證合格率、商品投入後的品質缺陷回饋率、品質糾正的回應率、交貨期履行情況、協作配合度等。一般來說，採購方透過這些指標，對供應商評出相應的分數，作為排序的依據。排序週期一般為**每季度一次**，或半年、一年一次。

5. 幫助供應商導入有保障的品質體系和方法：

為了有效控制供應商的商品品質，採購方還可以有系統的，傳達自己歸納出或權威機構提出的、經實踐驗證的品質管理手段和方法給供應商，從而主動幫助對方導入優質的品質體系和方法，提升其管理水準和技術水準，增強品質保證能力。一般來說，這對供應商的幫助是多方面的，既有利於提升產品品質，還有利於對方組織相關人員進行技術培訓，以及設備改造，實現生產的標準化、規範化。

舉例來說，採購方鼓勵供應商進行品質體系認證，貫徹ISO 9000品質標準，採用六標準差管理系統等，都有利於對方從源頭加強商品品質的管理，解決影響商品品質的關鍵問題。

06 全面品質管理，八個步驟

一九六〇年代初期，美國奇異公司全球生產運作和品質控制主管阿曼德．費根堡（Armand Vallin Feigenbaum）出版了《全面品質控制》（*Total Quality Control*）一書，並在書中系統的提出了全面品質管理（Total Quality Management，簡稱TQM）的概念，這象徵著全面品質管理時代的開始。

阿曼德．費根堡認為：「全面品質管理是為了能在最經濟的水準上，並考慮到充分滿足客戶要求的條件下生產和提供服務，把企業各部門在研製品質、維持品質和提高品質的活動中，構成為一體的有效體系。」迄今在品質管理領域，全面品質管理已經為全世界的企業所接受和認可。

全面品質管理，是指企業以產品品質為核心，以全員參與為基礎，目的在於實現企業經營的整體目標，而建立起的一套科學、嚴密、高效的品管體系，是改善企業營運效率的重要方法。在實際工作中，無論對採購方還是對供應商而言，如果有效引入全面品質管理，都會有助於優化生產經營中的各個環節，從而明顯改善品質管理工作。

總的來說，全面品質管理包含的基本方法，可以概括為十八個字：一個過程、四個階段、八個步驟、數理統計方法。

所謂一個過程是指，企業管理是一個過程。企業在不同時間內，應完成不同的任務，每項生產經營活動，都有一個產生、形成、實施和驗證的過程。為此，企業要在不同階段的子過程內，圓滿的完成相應的任務。

所謂四個階段，是根據「企業管理是一個過程」的理論，將管理過程畫分為四個子階段，也就是計畫（Plan）、執行（Do）、檢查（Check）、處理（Act），這四個階段依次輪迴，每一段大的管理過程結束後，又從一個新的管理過程開始，簡稱PDCA迴圈。

所謂八個步驟，是指為了解決和改進品質問題，還可以將PDCA迴圈中的四個階段具體畫分為八個步驟，分別是：第一，在計畫階段可分出四個步驟，即「**分析現狀，找出存在的品質問題**」、「**分析產生品質問題的各種原因或影響因素**」、「**找出影響品質的主要因素**」，以及「**針對影響品質的主要因素，提出計畫、制訂措施**」。第二在執行階段含一個步驟，即執行計畫並落實。第三，在檢查階段含一個步驟，即檢查計畫的實施情況。第四，在處理階段含兩個步驟，即「歸納經驗，鞏固成績，工作結果標準化」，以及「提出未解決的問題，轉入下一個迴圈」。

在應用PDCA迴圈和八個步驟來解決品質問題時，需要蒐集和整理大量的資料，並用科學的數理統計方法分析，從而控制和改進品質水準。在運用數理統計方法時，通常會具體用到七個統計方法，分別列舉如下。

1. 調查表：

使用調查表是為了有系統的蒐集資料、累積資訊、確認事實，還可以粗略的整理和分析資料，主要是為了確認目標有沒有問題，或者是否完成該做的工作，以檢查是否有遺漏。

2. 直方圖：

直方圖是用一系列寬度相等、高度不等的長方形表示資料的圖，長方形的寬度表示資料範圍的間隔，長方形的高度表示在固定間隔內的資料。使用直方圖，可以顯示品質波動的狀態，能較直覺的傳遞有關過程品質狀況的資訊，也便於確定要在何處集中力量改進品質。

3. 排列圖：

使用排列圖，有利於**找出影響產品品質的主要因素**，其步驟為：蒐集資料，即在一定時期裡蒐集有關產品品質問題的資料；再將蒐集到的資料資料，按不同的問題分類處理，並統計各類問題反覆出現的次數，接著按頻率的大小依次列成資料表，作為計算和製圖時的基本依據；根據第二步得出的資料表，相應計算出每類問題在總問題中的百分比，然後計算出累計百分數，並做出相應排列圖，即根據表上資料製圖。

4. 散布圖：

使用散布圖可以透過分析研究，兩種因素的資料之間的關係，有效控制影響產品品質的相關因素。在工廠生產中會經常用到散布圖，例如，零件加工時的切削用量與加工品質的關係，棉紗的水分含量與伸長度之間的關係，熱處理時鋼的淬火（俗稱蘸火）溫度與硬度的關係，噴漆時的室溫與漆料黏度的關係等。

5. 因果圖：

使用因果圖有助於尋找品質問題的原因，從而在問題的更深層面解決。在使用因果圖時要注意的是，要去分析影響產品品質的五個方面，即人、機器設備、原材料、加工方法和工作環境，再從中細分出更小的原因，越具體越好，直到能採取相應的處理措施為止。

6. 控制圖：

使用控制圖可以判斷和預報生產過程中，品質狀況是否發生波動，並採取行動，進而直接監視生產過程中的品質動態，具有穩定生產、保證品質、積極預防品質問題的作用。

7. 分類圖：

使用分類圖是把蒐集來的資料，按不同的目的分類，將性質相同、在同一生產條件下蒐集的資料歸在一起，使資料反映的事實更明顯、突出，有利於發現品質問題的真正原因。在具體分類中，可以參考的標準很多，比如按照不同的生產班次、工人的熟練程度、不同的溫度條件等，總之要清楚分類不同性質的問題，以便於找出原因所在。

總結來說，在運用全面品質管理時，上述七種統計方法既可以單獨運用，也可以組合運用，從而有效分析、了解和提高企業的全面品質管理水準。當水準提升時，自然也得以提升其中採購環節的品質。

07 奇異公司的六標準差管理

美國奇異公司可謂在品質管理領域，為世界做出了卓越的貢獻。該公司不僅提出全面的品質管理，還實施六標準差（Six Sigma）管理，從而開發出一整套十分有效的企業流程設計、改善和優化的技術。六標準差管理在推動奇異公司高效、快速發展的同時，也成為全世界追求管理卓越的企業，極為重要的戰略。

其中，六標準差的英文稱謂西格瑪（Sigma），是希臘字母 σ 的譯音。標準差是描述運作結果，與標準值之間偏差的數理統計術語，其計算方法是由具體運作人員，將所加工的單位數量，乘以每單位潛在的失誤，除以實際出現的失誤，然後再乘以一百萬。這樣得出的結果，表示每百萬次操作中產生的失誤。

若按此計算，六個西格瑪的品質水準，表示**在每百萬次生產和服務過程中，僅出現不到三・四次錯誤**，這已達到了九九・九九九七％的精確度。當然，由於企業在品質管理上都需要逐漸提升的過程，所以有些企業剛開始的時候，會實行三個標準差、五個標準差，直到六個標準差。可見，六標準差實際上是一項以資料為基礎，追求幾乎完美無瑕的經營管理方法。我們平時說的「**精實管理**」，從某種程度來說，就是六標準差所要達到的效果。

世界上率先採用六標準差管理的企業是摩托羅拉（Motorola）公司，在摩托羅拉公司從開始實施的一九八六年到一九九九年的三年時間裡，公司平均每年提高生產率一二．三%，產品不良率卻只有以前的二十分之一。儘管六標準差管理在摩托羅拉公司初見成效，但是尚未引起全球廣大企業的重視，也未使六標準差管理在全球企業界流行並發展起來。

直到一九九五年，美國奇異公司前執行長傑克．威爾許，在整個公司內開始推行六標準差管理，由於透過六標準差管理，極大的提升企業管理水準，再加上奇異公司在全球企業界的巨大影響力，使得六標準差管理在全世界受到廣泛的重視。

奇異公司把六標準差管理**應用於公司所經營的一切事務**，如債務記帳、信用卡處理系統、法律契約設計等。透過六標準差管理，基本上消除了公司每天在全球生產的每一個產品、每一道工序和每一筆交易的缺陷和不足，顯著提升了產品和服務品質。

奇異公司在**六標準差管理中，主要包括五項基本活動，即確定、估量、分析、改進及最終控制生產或服務的工序**。這些活動通常都把重點放在提高客戶的生產率，和減少他們的資本支出上，同時也提高奇異公司自身的業務品質、速度和效率。

在六標準差管理中，業務操作人員的專業程度，將會直接影響最終的品質。為此，奇異公司在實施這套管理的過程中，重新訓練了全體員工。奇異要求所有員工，包括市場行銷人員和勤雜工，都要採用如工程師一樣的思維和行為方式，確保所有的工序——包括電話應答、零組件裝配，都要按照六標準差的要求，使得出現誤差的可能性縮小到三．四％以下，達到九九．九九九七％的精確度。

我們在平時的工作中，常會提到工作不打折扣、產品品質不打折扣。如何才能確保不打折扣呢？六標準差管理就是一整套行之有效的管理技術和方法。

藉由全面實施六標準差管理，奇異公司的品質管理再也不是目標不清，或者只是籠統的說「品質有所改善」的實踐，而是根據顧客要求，量化品質管理，從而切實提高顧客滿意度。為了確保有效實施六標準差，奇異公司內經過嚴格培訓出的、符合六標準差標準的員工，會活躍於各種項目中，努力消除一切品質誤差，確保執行不走樣、不打任何折扣。

此後，六標準差品質標準，在奇異公司分布於全球的各個業務部門中普及，促使這個擁有一百多年歷史的老牌企業找回生機，終於在一九九九年達到經營目標：既要成為一家年收入超過一千億美元的全球性大企業，又要具有小企業的靈活性，以及對客戶的熱情和重視。

隨著六標準差管理在奇異公司獲得成功，以及在全球範圍推廣，中國企業在二〇〇二年左右也開始運用六標準差管理，比較早的一批企業有中遠、哈飛、寶鋼、春蘭、海南航空、澳柯瑪、上海菸草等。接著，越來越多的中國企業，加入六標準差管理的陣營，包括TCL、美的、招商銀行、華為等知名企業。

總的來說，我們從美國奇異公司在六標準差管理中的具體實踐，以及在全球企業界的推廣中不難發現，企業對品質問題日益零容忍，不僅要呼籲提升品質管理，更要透過切實可行的管理技術和方法，來提升品質管理。

對於企業的採購工作來說，有效實施六標準差管理，讓品質問題無處可藏，這對保障採購品質是很有幫助的。

08 採購品質管理案例集錦

一般情況下，採購方為了保障採購品質，供應商為了保障產品品質，雙方通常都會在企業內部配置審核部門（如質檢部）或審核人員，或者是採購方派審核員去供應商處等，從而對物品或服務品質執行必要審核。接下來將透過「重播」品質管理中的若干案例，並輔以必要的分析，進一步了解如何在工作中切實提高品質管理水準。

案例1：退貨不可不記錄

在某企業採購部，審核員看到《採購部工作手冊》中規定，採購部的品質目標是：「採購物資合格率達到一〇〇%。」於是，審核員問採購部經理：「能保證採購的物資都是一〇〇%合格嗎？」

採購經理說：「凡是不合格的物資，我們都會退貨，所以可以保證入庫物資一〇〇%合格。」

審核員又問：「你們是否記錄了退貨的情況？」

採購經理愣了一下，回答：「沒有記錄。」

分析：既然不合格的物資都退貨，自然可以確保最終入庫的是一〇〇%合格。但是，採購方如果希望了解供應商的供貨品質，從而為供應商排序，僅靠「不合格的物資都退貨」，若沒有相應的退貨紀錄，就會難以排序，也不利於切實提高供應商的品質供應水準。所以，採購部應該記錄供應方進貨物資的每一次交驗結果，這實際上也是對對方的一次評價紀錄，每個月匯總分析，以便控制供應方合格率，還可作為評價供應方品質的依據。

案例2：「別的公司也這樣做」

某潤滑油廠商希望透過品質管理制體系認證，於是請來管理顧問公司到現場了解情況。在產線，管理顧問看到一個大攪拌罐，下面用煤火加熱。產線的主任介紹說，這個罐裡放的是基礎油，需要加入添加劑，並且邊加熱邊攪拌。

管理顧問詢問：「為什麼不用蒸汽或電加熱，而用明火？」

產線主任說：「由於我們目前資金調度狀況緊張，就只好用煤火代替蒸汽加熱。好在我們一直注意安全，因此沒發生過問題。」

管理顧問說：「這樣做明顯違反安全規定，應更改加熱設備。」

這時廠長插話說：「別的公司也是這麼做，聽說也通過了認證，應該沒事的。」

分析：在生產安全管理中，於生產線用煤火（屬於明火）加熱油罐，顯然違反安全操作的規定。如果企業不改變這種做法，企業在基礎設施方面資源配置不足，未滿足申請認證的基本條件。同時，這樣的企業在經營上存在隱憂，一旦出現安全事故，採購方的供貨需求也會中止；此外，供應商內部生產設施管理粗糙，也會對產品品質造成不利影響。

案例3：看到數字便能猜到

審核員在某化工廠的矽酸鈉生產線，看到由銷售部發來的出口型產品的生產計畫單上，產品的參數名稱均是用英文寫的。

審核員問產線主任：「你們懂英文嗎？」

產線主任說：「我們不懂，但我們很熟悉這種產品，即便看數字也能猜到是什麼。其實我們以前曾向銷售部反映過，希望加上中文，他們沒有答覆，我們後來也就不去問了，反正也能猜出來英文的意思。」

審核員又翻閱以前的生產計畫單，發現出口型產品的計畫單都是用英文寫的，而且沒有任何中文說明。

分析：生產過程無小事，生產第一線人員決不能靠「猜」，去掌握產品的一些品質參數，這存在很大的管理隱憂。所以，銷售部應該將出口生產計畫翻譯成中文，確保生產部門不會對生產計畫產生歧義。

案例4：設計開發豈可不納入品管體系！

某企業生產系列高壓矽堆，據該企業管理者說，他們生產的都是定型（標準型）產品，因此沒有為產品安排設計開發的職能部門和人員。

審核員在現場看到一位技術員，正在測試某種新型高壓矽堆，便問他：「這是定型產品嗎？」

技術員回答：「這是我們剛剛從外面單位引進的新產品，目前正處於工藝調整階段。」

審核員問：「你們對工藝的轉化做了哪些工作？」

技術員回答：「由於我們從來沒有生產過該類型產品，而且還要增加一些新設備，再加上沒有這方面的經驗，我們在工藝科的指導之下，已經反覆試驗十幾遍了，預計最近就可以成功。」

審核員要求查看相關技術資料，例如產品的專案建立、策畫、工藝轉化紀錄等，技術員說：「我們沒有把設計開發納入品質管理體系，所以這方面的紀錄也沒什麼規範。」

審核員問公司經理：「為什麼不把設計開發，納入品質管理體系控制？」

企業管理者回答：「聽說對技術開發的控制要求來說，品質標準很麻煩，所以我們乾脆不納入管理，以免效率低落。」

分析：一般來說，在消化、吸收、轉化引進的工藝技術中，也存在著設計開發的工作，既然該企業要將整個生產過程，全部納入標準品質管理體系，那麼，自然也要納入產品的設計與開發環節，從而有效控制其品質。

案例5：檢驗狀態標識不明

在某建築裝飾構件生產廠，產品是由水泥、沙子和各種添加物、按比例攪拌均勻後，在模型中放入玻璃纖維布及加強筋，然後填入混合料製成。審核員在產線看到不少靠牆而立的產品。

審核員問檢驗員：「你們檢驗這些產品了沒？」

檢驗員說：「我們是百分之百檢驗，檢驗完一件就拉到外面場地去。這些還沒有拉出去的產品，還沒有完成檢驗。」

審核員問：「有沒有可能出現已經檢驗完，而來不及拉出去的產品？」

檢驗員回答：「有時候也可能有，但是我們都能記住哪些是檢驗完的。」

審核員看到現場的產品擺放比較混亂，根據檢驗員的描述，顯然是有些產品檢驗完了，有些產品沒有檢驗完，但是產品上沒有任何檢驗狀態的標記。

分析：這是產品檢驗狀態標識不明的問題。即便檢驗員能記住產品的檢驗狀態，但是由於現場到處擺放著產品，難免產生混淆的時候。對此，檢驗員可以用筆在合格的產品上打勾，對於不合格品則在不合格部位打叉，從而標識產品的狀態。

案例6：太忙，沒空開品質例會

在某企業的《質管部工作手冊》上規定：「定期召開公司的品質例會，討論交流各部門的品質情況。」

審核員問質管部部長：「你們多長召開一次品質例會？」

質管部長回答：「一般是半個月開一次。」

審核員查看最近半年來的品質例會紀錄時發現，有兩次會議時間的間隔都超過一個月。質管部長解釋說：「那兩次是因為工廠正在趕工，大家都很忙，所以就拖到時間了，我們不是故意的。」

分析：定期召開品質例會，是監視和測量品質管理體系的有效手段，企業工作人員應該堅持按照規定，定期召開品質例會，要讓規定落實，不應為不遵守規定尋找藉口。

案例7：「那些事我沒在做，我負責監督」

審核組在審核企業管理層時，要求管理層代表說明在品質管理體系中，履行自身職責的情況。

管理層代表說：「我主要是發揮執行監督制度的作用，具體工作都由質管部組織進行，有什麼不能解決的問題再找我。」

該企業的管理層代表，由主要管理生產的副廠長兼任。

分析：在品質管理體系中，即便身為企業管理層的成員，也應遵守相應管理規範，決不能因為自己是管理者，就可以凌駕於規範和制度之上；再者，該管理層代表又兼任主要管理生產的副廠長，將品質管理體系的落實推到其他部門身上，也不太合適。另外，該代表既是生產組織者、管理者（主管生產的副廠長），又擔任監督品質執行的作用，在職位設計上有失公正。

案例8：「其他公司也沒在做」

某廠聲稱其生產的產品執行了國家標準。相應的國家標準規定：「產品的檢測溫度為攝氏二十五度（加減一度），溼度小於六〇％。」在審核時，審核員發現該廠檢驗室，並沒有標示採用何種溫溼度控制方法。

審核員問：「溫溼度問題是如何解決的？」

檢驗員說：「上次審核時，已對我們開出不合格報告，由於考慮到資金調度緊張，而且同行業其他廠，對該產品的檢測也不考慮溫溼度的影響，另外，該標準是推薦性標準，並非強制性標準，我們可以參照執行，也可以不參照執行，於是決定刪除該條件。」檢驗員出示了廠經理辦公會的決定，的確是該廠取消檢驗溫溼度的要求。

然而在銷售科，審核員看到該廠與採購方簽訂的銷售契約上，填寫的產品執行標準仍然是該國家標準。

分析：國家標準有強制性和推薦性標準之分。強制性標準要求企業必須採用，否則即為不合格；對於推薦性標準，則是建議企業採用，沒有強制要求。但是，如果企業對外聲稱，尤其是在契約中聲稱執行了國家的有關推薦性標準，那麼該標準對於企業來說，就變成強制性的了，否則就是違反契約規定。案例中的該廠顯然違反與採購方所簽契約的規定。

案例9：公司網路不設防

某建築裝飾構件公司，對外承接樓宇室外的裝修設計和飾品加工任務。在設計室，審核員看到員工們正在使用電腦輔助設計（Computer Aided Design，簡稱ＣＡＤ）軟體設計裝修效果圖。設計室內共有工作電腦十餘部。

審核員問工作人員：：「你們公司有多少部電腦？」

工作人員回答：：「大概有三十部。」

審核員問：：「全公司有哪些部門使用電腦？」

工作人員回答：「技術、檔案、財務、銷售、產線統計、工藝等部門都有電腦。我們正在計畫建立公司內部的區域網路，以便實現自動化管理。」

審核員問：「你們經常上網嗎？」

工作人員回答：「是的，各科室都可以上網。」

審核員問：「你們公司有沒有部門是主管電腦的？對於電腦的使用，例如上網下載檔案、搜尋病毒、掃毒等，有沒有什麼規定？」

工作人員回答：「我們公司沒有電腦主管部門，好在大家都很熟悉電腦，如果中了病毒，自己一般都能解決。」

然而在銷售部，審核員發現由於電腦感染了病毒，電腦裡存放的重要採購客戶檔案資訊丟失，銷售員也正在為此而大傷腦筋。

分析：電腦管理是目前很多企業迫切需要解決的問題，也時有發生由於電腦管理不善，而影響企業正常經營的案例。因此，凡是使用電腦工作的部門和人員，尤其是需要經常上網的部門和人員，一定要有規範的管理電腦。

對此，企業內部要確定電腦的主管部門和人員，制訂嚴格的規章制度；對於使用電腦，包括上網、搜尋病毒、掃毒、下載文件、文件備份，以及使用外來軟體等，都要有明確的規定，並由主管部門與人員定期檢查。在當前資訊時代，對於電腦的管理已經屬於基礎設施控制的重要部分，還屬於文件控制，這是因為電腦中的資料通常都是文件，甚至包括一些重要的文件。

案例10：「憑經驗就知道」

某企業承接開關工廠的開關櫃箱體焊接加工，審核員發現焊點間距分布不均勻，便問工人：「工藝指導書有沒有規定焊點間距？」

焊工回答：「沒有規定，我們都是很熟練的焊工，光憑經驗，就知道應該掌握的焊接間距。」

審核員在查看《焊接工藝》時，看到對於箱體每邊有焊接點數的規定，但是沒有間距要求。然而審核員在檢驗科查閱《焊接檢驗規程》時看到這樣的規定：「焊點應該分布均勻，兩點之間的距離應為十公分加減兩公分。」上述兩份文件均由該企業的總工程師批准執行。

分析：本案例中，《焊接工藝》和《焊接檢驗規程》對焊接的要求不同，說明文件之間並未一致，在邏輯層面上存在衝突。會發生這種情況，往往是由於主管在審批文件時，只當成是履行簽字形式，並沒有認真審查一遍文件，以便排除不合理或矛盾之處。

範本一：品質保證協議書

品質保證協議書

甲方（企業名稱）：______________________________

乙方（企業名稱）：______________________________

一、目的：

為確保乙方供貨品質的穩定，滿足甲方使用者的最終產品需求，防止不合格產品的出現，特簽訂本協議。

二、適用範圍：

本協議適用於甲乙雙方。

三、關於契約（訂單）的補充：

1.甲方向乙方下達的契約訂單，應當準確無誤的標明產品名稱、型號規格、交貨期限、交貨方式和品質保證期限。

2.甲方如要更改已經下達、但尚未執行的契約（訂單）內容，必須以書面的形式通知乙方，乙方應及時向甲方代表確認並改正契約（訂單）內容。

3.甲方向乙方下達的契約訂單，應附加工、購買產品的品質技術指標、要求。如甲方不能明確提出品質技術指標，可使用國家標準或由乙方代為提出，雙方同意後形成書面協定。

（接下頁）

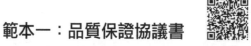

四、品質標準的說明：

1.甲方透過藍圖、標準或指定樣件等方式，向乙方說明產品的品質標準。

2.希望變更甲方提出的品質標準或有異議時，乙方須向甲方提出申請，進行協商確定。

3.乙方向甲方提供的產品合格率不得低於 ______ %，品質保證期為 ______ 年。

五、品質檢查確認：

1.乙方根據雙方協定的品質標準要求，出具乙方每批次的《產品出廠檢驗報告》，必要時，應甲方要求，乙方應提交乙方產品的《檢驗基準書》及其他有關該產品品質的證明資料給甲方確認。

2.屬雙方協定或國家強制性檢驗的項目，甲方或乙方不能完成檢驗時，必須在甲方品質管理部門指定的國家試驗機構進行，檢驗發生費用由乙方承擔。

3.甲方在認為必要的時候，可以隨時到乙方的生產現場，檢查產品配套件，或是監察乙方的品質保證體系。

4.當乙方的生產場地或者關鍵工序、設備發生改變時，必須通知甲方並得到甲方的認可。

六、乙方的賠償責任：

對於產品發生的問題符合下面某一項時，乙方要負責本協議中

（接下頁）

第七項第1點所約定的賠償責任。

（1）乙方產品完全不符合甲方的品質技術要求。

（2）乙方單方面原因不能按時交貨，而影響甲方產品的交貨時間。

（3）乙方產品已驗收，甲方在生產過程中發現乙方產品超過（含）3%不符合甲方的品質要求。

（4）由於乙方產品不合格引起的甲方產品售後維修、退貨、運輸等費用。

（5）甲方雖無法判斷，卻存在乙方出廠合格，而實際與要求品質不符合的問題，以及由此造成的其他問題。

七、索賠：

1.當乙方產品符合本協定第六項各子項內容時，乙方應按下述賠償責任中的相應子項賠償：

（1）乙方無條件接受退貨，若造成甲方耽誤工作，乙方按甲方核定的損失承擔誤工費。

（2）承擔甲方客戶的索賠。

（3）乙方無條件更換不合格品，若造成甲方耽誤工作，乙方按甲方核定的損失承擔誤工費。

（4）乙方承擔甲方核定的損耗費用，並承擔甲方由此造成的全部損失費用。

（5）供貨產品降價3% 作為甲方挑選及誤工管理費，並有義務

（接下頁）

承擔不超過本批次貨物價值一倍的賠償。

2.產品配套件發生的問題。甲方判斷符合下面某一項，乙方可免去賠償。

（1）甲方不與乙方協商，改變配套件結構或變更樣式，由此引起的問題。

（2）甲方產品交給最終使用者後，因為產品的所有者或使用者不正當的使用、保管或擅自改變結構，而由此引起的問題。

（3）甲方提供給乙方的技術藍圖缺陷引起的問題。

（4）由於甲方不適當的使用修理引起的問題。

（5）由於甲方保管不周或維護不好造成的問題。

八、其他規定

1.本協議有效期一年。

2.本協議一式兩份，甲乙雙方各持一份，未盡事宜，雙方另行協商。

甲方：	乙方：
代表簽字（蓋章）：	代表簽字（蓋章）：
日期：____年__月__日	日期：____年__月__日

範本二：採購品質控制表

採購檢驗報告

編號：＿＿＿＿＿＿ 填表人：＿＿＿＿＿＿ 日期：＿＿年＿月＿日

<table>
<tr><td colspan="2">物資名稱</td><td colspan="2"></td><td colspan="2">規格</td><td colspan="2"></td></tr>
<tr><td colspan="2">批號</td><td colspan="2"></td><td colspan="2">數量</td><td colspan="2"></td></tr>
<tr><td colspan="2">採購日期</td><td colspan="2"></td><td colspan="2">到貨日期</td><td colspan="2"></td></tr>
<tr><td colspan="2">供應商編號</td><td colspan="2"></td><td colspan="2">供應商名稱</td><td colspan="2"></td></tr>
<tr><td colspan="8">檢驗紀錄</td></tr>
<tr><td>檢驗項目</td><td>檢驗標準</td><td>檢驗結果</td><td>合格</td><td colspan="2">不合格</td><td>備註</td><td>總評</td></tr>
<tr><td></td><td></td><td></td><td></td><td colspan="2"></td><td></td><td rowspan="3">□合格
□不合格</td></tr>
<tr><td></td><td></td><td></td><td></td><td colspan="2"></td><td></td></tr>
<tr><td></td><td></td><td></td><td></td><td colspan="2"></td><td></td></tr>
<tr><td>採購經理</td><td></td><td>品質控制主管</td><td></td><td>檢驗員</td><td></td><td>驗收數量</td><td>□足量
□短缺</td></tr>
</table>

採購品質控制表

編號：＿＿＿＿＿＿ 填表人：＿＿＿＿＿ 日期：＿＿ 年 ＿ 月 ＿ 日

採購單號	物資名稱	採購數量	發貨批次	檢驗批次	批抽檢率	總抽檢率	A類不良品占比	B類不良品占比	C類不良品占比	退貨紀錄	品質等級	備註

第7章

採購人員的績效管理

管理往往是針對人性來對症下藥的，容易滋生問題的採購，以及對採購部人員的有效管理，尤其不能例外。要想提升採購管理水準、改進採購品質，就需要建立公平正義的獎勵分配和懲罰約束等機制，充分激勵採購人員的積極性和主動性。

01 幹採購，下一個高階主管就是你

眾所周知，中國被稱為全球製造業的「加工廠」，是國際供應鏈體系中的一個重要環節，很多國際採購巨頭，紛紛將中國作為其跨國採購業的基地。同時，隨著企業、政府、國家採購的蓬勃發展，也由原來的區域性採購轉而向全球性採購邁進，這使得市場對具有專業知識和技能的採購人員，需求量與日俱增。因此，高素質的採購人才，正成為很多行業的緊缺人才。

一般來說，採購人員可以與供應商深度交流，有機會深刻認識供應商的整個生產流程和特點。從某種程度上來說，這個職位在工作中能深入接觸一個行業、一個企業，是其他職位難以比擬的。正因為這樣，才有人說：「採購工作接觸的人多，了解的資訊多，如果能有效整合這些資源，自主創業也並非難事。」當然，除此以外，努力當一名專業的採購經理人，或者升級到供應鏈管理等職務，也是不錯的選擇。

其實，更為重要的是，從事採購工作有利於讓自己獲得很好的鍛鍊，從而**促進個人綜合能力的快速成長**，使自己在未來發展上可以獲得更多、更好的機遇。我們接下來了解一下，從事**採購所能帶來的發展機遇：**

1. 能盡快熟悉商品，增長見識：

採購人員要想購買到物美價廉的商品，就必須足夠深入和廣泛的了解商品，只有這樣，才會確保買到最適合的產品，這在無形中推動了採購人員學習必要的商品知識，避免使自己在過程中上當受騙。同時，因為在工作中要與形形色色的人打交道，使得採購人員不僅要懂得商品知識，還要懂得待人接物、人際交往，這都可以豐富見識。

2. 能提高語言交流能力，增強個人魅力：

採購人員通常會接觸到各種各樣的供應商。面對不同的人，要採取相對應的語言溝通方式，久而久之，就會發現自己的語言表達能力明顯提高；由於要和很多人交流，也有利於增強個人的社交魅力。

3. 能培養起濃厚的責任心：

採購人員在工作中不免要與供應商討價還價，更要認真仔細，以免由於工作上的失誤，而給公司造成重大的經濟損失。再者，如果是採購人員導致公司正當利益受損，還要承擔相應責任，因此，在工作中不能懈怠。同時，過程中還能深入體會到做人的藝術，尤其是理解到承諾的重要，從而培養自己「言必信，行必果」的優良品質。

除了上述能力發展方面的機遇，工作中還可以經常接觸到供應商企業中的負責人，這在無形當中，也使得採購人員有更多機會，可以向優秀人士學習。

另外，在工作中也會面臨一定的風險，這些風險主要是由個人思想認知，和工作思路的因素引起的。例如，身為採購人員，經常是供應商眼中需要送禮打點的對象，對此，人員不能迷失自我，務必潔身自好，不要收任何回扣或禮品。一般來說，若收受供應商的回扣或好處，無論是否給企業造成損失，都是法律不允許的，對於情節嚴重的，採購人員可能會被以職務侵占罪等罪名告上法庭，承擔相應的法律責任。因此，在極有可能被腐化的第一線工作的採購人員，應當提升職業素養，嚴格按照相關法律法規和企業規定辦事，不要心存僥倖，更不要逾越雷區，以免一失足成千古恨。

此外，一定要嚴格禁止借採購的便利，以公司名義私自購買個人物品，或者幫別人採購，從而損公肥私，這同樣是違法的，也是法律法規和企業規定不允許的，同樣會嚴重危害採購人員的職業生涯。

其實，從事採購工作有利也有弊，機遇與風險並存。為此，應樹立良好的職業道德意識，規範採購，不斷提升自己的職業素養，這才是採購人員的正路。

02 採購人員的績效考核，從這四點檢視

在企業的採購工作中，不僅要考核供應商的服務品質，也要考核內部採購人員的績效，從而規範管理採購人員。既然是考核，必然需要相應的考核指標，尤其是關鍵績效指標（Key Performance Indicator，簡稱ＫＰＩ）。採購人員的績效考核指標通常有哪些？

1. 採購價格與成本指標：

這主要包括參考性指標與控制性指標。參考性指標主要有年採購總額、採購人員年採購額及年人均採購額、各供應商年採購額及供應商年平均採購額、各採購物品年度採購基本價格及年平均採購基本價格等，它一般作為計算採購相關指標的基礎，同時也是展示採購規模、了解採購人員及供應商負荷的參考依據，是採購程序控制的依據和出發點，常被企業管理層用來參考。

控制性指標是展示採購改進過程及其成果的指標，如平均付款週期、採購降價、當地語系化比例等。我們從中挑選幾項次一級的指標來說明。

(1)採購價格指標：這包括各類原材料的年度基本價格、所有原材料的年平均採購基本價格、各原材料的目標價格、所有原材料的年平均目標價格、各原材料的降價幅度及平均降價幅度、降價總金額、各供應商的降價目標、當地語系化目標等。

(2)年採購額：這包括生產性原材料與零組件採購總額、非生產性採購總額（包括設備、備件、生產輔料等）、原材料採購總額占生產成本的比例等。其中最重要的是原材料採購總額，這個項目按採購成本結構，又可以畫分為基本價值額、運輸費用及保險額、稅額等。此外，年採購額還可分解到各個採購員及供應商，算出每一位採購人員的年採購額、年人均採購額，各供應商的年採購額、年平均採購額等。

(3)付款指標：這包括付款方式、平均付款週期、目標付款期等。

2. 品質指標：

這主要是指，對供應商的品質水準，以及供應商提供之產品，或服務的品質表現的積極回饋，它包括供應商品質體系、來料品質水準等方面。其中，來料品質包括批發品質合格率、來料抽檢缺陷率、來料線上報廢率、來料免檢率、來料返工率、來料退貨率、對供應商投訴率及處理時間等；品質體系包括通過ＩＳＯ國際品質體系認證的供應商比例、實行來料品質免檢的物品比例、來料免檢的供應商比例、來料免檢的價值比例、開展專項品質改進的供應商數目及比例、參與本公司品質改進小組的供應商人數，及供應商比例等。

3. 企畫指標：

這是指供應商在實現接收訂單、交貨過程中的表現，及其運作水準。**包括交貨週期、交貨可靠性與採購運作的表現，如原材料的庫存等**。其中，訂單與交貨包括，各供應商以及所有供應商平均的準時交貨率、首次交貨週期、正常供貨的交貨週期、交貨頻率、交貨數量的準確率、訂單變化接受率、季節性變化接受率、訂單確認時間、交貨運輸時間、平均報關時間、平均收貨時間、平均退貨時間、退貨後補貨的時間等；企畫系統包括供應商採用企畫系統的程度、實行即時供應的供應商數目與比例、原材料的庫存量、使用周轉包裝材料的程度與供應商數量、訂單數量、平均訂貨量、最小訂購數量等。

4. 其他績效考核指標：

主要指與採購及供應商表現相關的指標，如技術與支援能力，包括用電腦系統處理行政事務，以電子商務方式與供應商的開展高效業務合作，能用英文直接與國外供應商溝通等。

總之，企業採購部要整理出採購人員績效考核的相應指標，從而有效管理人員的績效。

03 採購出問題，關鍵常出在人員本身

在實際工作中，採購人員往往容易出問題，究其根本原因大多是一個字，那就是錢。我們已經知道，在企業的經營成本中，物料成本所占比重很大，採購人員的職責就是購買這些物料，這就使得人員經常面臨大筆金額的交易。有時，在與供應商交易的過程中，對方基於某種商業目的，會對採購人員施以某種誘惑，如送禮、請客等，在這種接二連三糖衣炮彈的攻擊下，立場不堅定的人，很有可能被打動，甚至將相應的索要回扣行為當成了採購中的潛規則，如此一來在採購事業上的發展就會面臨挫折。

舉例來說，曾經有一家商超集團的採購經理被內部調職，原因是貪腐。原來，在超市業普遍沿用國際上一些大型連鎖商超的不成文規定，也就是說，供應商進場（指供應商讓自己的產品進入超市的銷售管道）時一定要交進場費、促銷費、品類管理費等硬性費用，該商超集團自然也不例外。

在該集團旗下的超市裡，一個產品進場費的起始價是兩萬元人民幣，這是硬性支出，供應商迴避不了。實際上，即便交齊硬性進場費，由於超市中產品種類繁多，同類型的產品之

間也存在激烈的競爭，為此，供應商總會想一些出奇制勝的辦法。

其中，一家飲料供應商找到該商超集團的採購部經理，並給他送不少好處，作為交換的條件，採購經理便加大對該飲料供應商的採購量，同時壓縮其競爭對手的採購量，由於該飲料供應商的產品，在超市中曝光的頻率增加，隨之其銷量也顯著增加。

後來，這位採購經理受到另一位被擠壓的飲料供應商舉報，鑒於該名經理收賄額度不是很高，造成的危害不是很大，商超集團對其在內部予以處分，他被免去採購部經理職務，下放到集團旗下一間超市分店裡當普通店員，同時向單位上交先前收受的所有好處，並整頓了現有供應商體系。

其實，在上述案例中，由於採購經理尚未造成龐大的危害，因此對其的處理主要在單位內部進行。在實際案例中，還有些採購人員，尤其是採購部負責人收受的好處金額較大，甚至造成嚴重的社會影響，從而被舉報或報案後，遭到公安機關逮捕，並被依法移送司法機關的案例也不少見。

採購人員在工作中出問題，大多是因為個人專業修養不足。「堡壘最容易從內部攻破」，若採購人員自身存在問題，就將成為隱憂。那麼該怎樣做才能讓自己不出問題？

1. 堅持原則：

指採購從業人員在採購活動中，要嚴格依照規定的操作程序，和法定的依據辦事，不喪失應有的原則立場，否則必定會產生各種暗箱操作、徇私舞弊、收受賄賂等不法行為。因此，堅持原則是每一位採購工作人員，必須具備的基本素質要求。

2. 客觀公正：

指採購人員必須公平正直、沒有偏袒，在實際工作中，要求從業人員須嚴格按照規定的條件和程序執行採購操作，對所有的供應商一視同仁，不得有任何歧視性的條件和行為。

3. 誠實守信：

這是採購人員做人、處事、工作的基本準則。具體來說，人員要言行一致，不弄虛作假、欺上瞞下，嚴格遵守和兌現自己做出的承諾，在具體的採購工作中嚴格履行自己的權利和義務，自覺抵制各種欺詐、串通、隱瞞等不法行為滋生，最終發揮保障各方正當權益的積極作用。

4. 熱愛自己的工作、敬業：

採購人員唯有熱愛本職工作，並在崗位上盡心盡力、盡職盡責，才能全心投入工作中；同時要刻苦耐勞、兢兢業業、認真鑽研採購業務，從而做好這一份的工作。

5. 優質服務：

在實際工作中，每位存在合作意願的供應商，都希望採購方選中自己，因為這意味著銷路得以擴展。然而，由於採購方通常會選擇若干供應商來比較，這就使得有些廠商能夠爭取到客戶，有些可能爭取不到。對此，採購人員要對所有廠商一視同仁，做到態度溫和、說話用詞文雅、尊重事實、謙虛謹慎、團結協作，要確保最終的採購決策是基於客觀綜合評比所做出的，而非在主觀上厚此薄彼，同時鼓勵和尊重集體進步，建立起和諧的關係。

6. 廉潔自律：

在採購活動中，採購人員要清正廉潔，自覺的構築意識上的界線，這是遏止各種違法亂紀行為的重要前提。事實一再證明，一旦越過廉潔自律的界線，勢必經不起來自於各方面的腐蝕和侵擾，從而出現收受賄賂、貪污、假公濟私等違法現象，其結果既阻礙了自己的正常發展，又傷害到單位和他人。所以，採購人員務必樹立自我約束、自我規範、自我控制的覺悟，自覺增強抵制不正之風的能力。

有句俗話說得好：「蒼蠅不叮無縫的蛋。」採購人員唯有修練好自身的各項基本功，增強自己拒腐防變的能力，才能在職業生涯中獲得更好的發展。

04 採購這些物資，最容易出問題

一般來說，企業採購產品的種類很多，能夠導致人員出問題的產品種類也不盡相同。那麼，採購哪些物品最容易出問題？我們根據歷年來的統計，將其分為生產性物資和非生產性物資兩大類，並列出相應的清單，希望企業能夠個別加強管理採購人員。

1. 生產性物資：

⑴採購量大的生產原料：生產原料通常是企業維持生產經營所需，採購量又大，這就使得採購數額往往也極為龐大。經手這麼大數額的物資，供應商即便將一個零頭的好處，賄賂採購人員，也是一筆不菲的金額，足以形成較大的誘惑。因此，企業在這類物資的採購中，要強化管理。

⑵單位價值高的生產原料：由於單位價值高，使得價格上的一次微小波動，就可能影響企業的成本。因此，同樣要嚴加管理這類物資的採購。

⑶採購量大的包裝材料：可以說，任何產品都需要相應的包裝，這就使得作為必需品的

包裝材料，在使用量上也很龐大。一般來說數量大了，有了規模優勢，總金額也會較高，企業同樣需要重視。

(4)單位價值高的包裝材料：原因與上述相似，此處不再贅述。

(5)採購管道單一的輔助材料：所謂輔助材料，是指間接用於生產製造，在此過程中發揮輔助作用，但不構成產品主體的各種材料的總稱。它分別包括：產體輔助材料，即在生產過程中使用後，讓主要材料發生變化，或給予產品某種性能，如染料、催化劑等；設備輔助材料，即維護生產設備所需要的材料，如潤滑油、砂輪等；條件輔助材料，即改善工作地點環境的各種用具，如日光燈、掃帚等。

通常情況下，很多供應商能夠提供這些輔助材料，但在實際工作中，一般會選擇其中一家廠商來長期採購。在這種情況下，企業要加強採購管理，預防供應商透過賄賂採購人員來獲得供應資格。

(6)生產所用的能源物資，如燃油、燃煤、氣體等：這些能源物資在耗用上具有持續性，即企業只要維持正常的生產經營，就需要耗用這些能源物資，因此數量通常較大；同時，為了確保能源物資標準的統一，往往在一段期間內，所選擇的供應商數目也非常有限。於是，企業同樣要預防供應商，透過行賄採購人員來獲得交易。

(7)生產用的機器設備以及動力設備：這一般是大件商品，相應的採購數額也會很大，原因與上述相似。

(8)相關的備品、備件及專用的工具用具：以汽車為例，火花塞、空氣濾心、燃油濾心等備件，以及專用螺絲起子等工具，不同的生產廠商、不同的產品規格等級，會使得這些產品的價格和品質有較大不同。企業要預防採購人員從中做文章。

(9)設備的維護保養外包：曾經有一家企業，其辦公大樓內中央空調的維修保養費，一年高達百萬元以上，維修保養業務則是外包。對於外包商來說，如果中央空調一年中沒有出現品質問題，一年可以淨賺近百萬元。這就使得幾家外包商瞄準該企業的採購人員進行公關。因此在實際工作中，企業要加強對此類外包業務的管理。

(10)技術開發與品質檢驗所需的儀器與試劑：一般來說，企業在採用某款儀器與試劑後，從某種程度上來說，在一定期間內不輕易更換供應商，以保證檢驗設備標準的一致性。這使得供應商為了擠走競爭對手，不得不採用各種辦法以獲得採購人員支持。

(11)倉庫的堆高機與台車：這類設備價格一般較高，在購買時，為了後續維修保養方便，大多也是選擇一家或極少數幾家廠商合作，這也成為廠商爭取採購人員的影響因素。

(12)倉庫的貨架與拖盤：原因與上述相似，不再贅述。

(13)運輸外包：原因與上述相似，不多加敘述。

2. 非生產性物資：

(1)市場廣告製作與投放。

(2)市場物資的採購，如宣傳片、促銷品、禮品等。
(3)工程項目的採購以及工程服務的外包。
(4)人力資源外包，如勞務工、培訓等。
(5)財務上的銀行存款業務。
(6)行政外包，如餐廳、綠化等。
(7)廢品回收。

對於上述容易導致採購人員出問題的物資，一方面企業要加強管理；另一方面，人員要強化個人職業道德，在採購工作中廉潔自律。

05 如何判斷一個人是否適任採購？

在治國策略上，存在法治、德治等說法，而在管理採購人員上，我們提出「道德採購」。道德採購是什麼意思？參考國內多位採購領域專家的意見，主要指採購人員在工作中要以企業利益為重、規範自身言行、提高自身業務素質、堅持高尚道德水準，依法執行採購工作。

可見，道德採購的要求是德才兼備，既要熟悉採購業務、能夠勝任工作，還要有良好的道德水準。為了有效實施，我們根據採購界長期以來的研究論述，以及實際工作的需要，提出三位一體的方法，從而做好道德採購。

所謂三位一體，主要回答了三個問題：如何選用採購人員？如何管理採購人員？如何預防採購人員將來出問題？我們在解決這三個問題時，主要採取以下三種方法：選用採購人員時，務必重視人員的綜合素質，尤其是任職資格；在管理採購人員時，主要是根據採購人員績效指標的完成情況決定獎懲；在預防採購人員出問題上，要強化對人員的審計，必要時就輪調職位。

要想完善的綜合管理採購人員，並提升企業的採購工作水準，上述三個方面缺一不可。

我們知道，用好人的前提是選對人。企業在選用採購人員時，如何確定人員是否適合採購職位？我們在這裡引用一個國際上通用的ＡＳＫ模型，來說明如何快速了解一個人的任職資格。

ＡＳＫ的全稱為態度（Attitude）、技能（Skills）、知識（Knowledge）。其中，企業在選用採購人員時，一個人的好態度意味著其「想做」，思想積極主動而健康；技能和知識表示一個人「能做」。一個人既想做又能做，那麼就有很大的潛力能勝任工作、把工作做好。ＡＳＫ模型對於企業選用採購人員，具有重要的參考價值。

我們在選用對的人之後，還要有效管理，依據其在工作上的表現予以獎懲，這就需要績效考核與管理。實際上，績效考核是為了引導員工正確的工作行為，來確保企業目標能順利實現。我們可根據前面所闡述、關於採購人員考核的若干ＫＰＩ指標，有效管理採購人員。

當我們選對人、用好人時，是否意味在採購中，就不會發生不協調的問題？不盡然，還要加上**輪調與審計採購人員，從而避免提供令採購人員出問題的溫床**。具體來說，輪調包括內部輪調和外部輪調。內部輪調是指在採購部內部進行職位輪換，例如，採購員甲過去長時間採購小麥，採購員乙過去長時間採購大豆；那麼在一段時間後，安排採購員甲改而採購大豆，安排採購員乙改而採購小麥，這就能避免採購人員，由於和某家供應商過於熟悉而出問題，同時**還有利於人員熟悉不同的採購物品，豐富不同種類的產品知識**。

外部輪調是指採購部人員，在不同部門之間輪換。一般來說，由於採購的專業度很高，需要專門的採購技術與技巧，職業能力的提升也非一朝一夕的事，需要長期累積和培養的過程。因此，除了基於對企業幹部培養的需要，**企業不宜頻繁的讓工作人員在不同部門之間調動**，反而要強化普通員工的專業度。

同樣的，審計也有內部審計和外部審計之分。內部審計通常是企業的自查活動，由企業內部組織審計員審查，這是企業管理中的內部控制；外部審計主要是聘請外部協力廠商審計公司或諮詢公司，審查本公司內的多項工作，包括採購工作。一般來說，企業可以根據實際需要，搭配使用這兩種方式，尤其是重點發展內部審計職能。

為了有效開展，企業還可以採取與採購人員簽訂道德採購協定，以及設置針對採購人員的投訴專線等措施，進而約束與指導人員在工作中實行道德採購。

06 能回答這四個問題，才是專業採購人員

一般來說，判斷一個採購人員能否勝任工作，只要問對方四個問題即可，依次是：

一、為什麼選擇這家供應商？

二、為什麼是這個價格？

三、如何進行契約管理與風險控制？

四、如何進行一場雙贏的談判？

上面四個問題看似簡單，實際上囊括採購人員的核心技能，也是工作中經常要面臨的問題。能夠回答好這四個問題，從某種程度上來說，在採購上就具備了一定的專業度。

對於第一個問題，其實涉及選擇評估供應商和關係管理，需要採購人員具備一定的企業戰略管理思想，而非僅回答物美價廉那麼簡單。一般情況下，開發和選擇供應商所遵循的基本準則是QCDS原則。

QCDS是指**品質（Quality）**、**成本（Cost）**、**交期（Delivery）**、**服務（Service）**。採購人員在選擇供應商時，應該遵循此原則。具體來說，首先要確認供應商是否建立一套穩定有效的品質保證體系，並確認其是否具有生產特定產品所需的設備和工藝能力；其次是成本與價格，採購人員要運用價值工程（Value Engineering）的方法，對所涉及的產品做成本分析，並藉由雙贏的價格談判實現成本節約；在產品交付方面，採購人員要確定供應商是否擁有足夠的生產能力，人力資源是否充足，有沒有擴大產能的潛力；最後，非常重要的一點，採購人員要了解供應商的售前、售後服務紀錄，確保對方能提供優質服務。

針對第二個問題，就要具備成本分析與價格控制能力。成本管理意識展現出一名採購人員深層次的水準，以及採購工作的終極價值。人員要能分析供應商的經營成本，從而抽絲剝繭的理清廠商報價的構成以及合理性。

例如，供應商在報價方面，為了表現價格是以成本為基礎，採購方通常會要求廠商按照一定報價格式來報價，在這個報價格式中，一般就包含**價格是由哪些成本和費用組成的**。除了讓供應商自己報價，採購人員還要主動調查，與供應商的報價比對，從而判斷其價格的合理性。

對於第三個問題，需要採購人員**具備一定的契約法律**，**與契約管理的知識**，學會怎樣透過契約管理來控制採購風險。其中，人員要懂得契約的形式與訂立的原則，契約成立與生效，契約的無效與撤銷，以及契約中通常必須具備哪些條款等。

實際上，採購人員在工作中經常與採購契約打交道，為了透過契約來有效管控採購風險，採購人員要懂得和掌握這些措施：對擬簽訂框架協議（按：framework agreement，指簽訂契約前先擬訂未來合作的基本方式，具體條款日後再協商）的供應商的主體資格、信用狀況等進行風險評估，框架協議的簽訂應引入競爭制度，確保對方具備履約能力；根據確定之供應商、採購方式、採購價格等情況，擬訂採購契約，準確描述契約條款，明確雙方權利、義務和違約責任，按照規定許可權簽署採購契約。

對於影響重大、涉及較高專業技術或法律關係複雜的契約，應當組織法律、技術、財會等專業人員參與談判，必要時可聘請外部專家參與相關工作；對重要物資驗收量與契約量之間允許的差異，應當做出統一規定等。

對於第四個問題，也就是說，供需雙方在合作中往往會有不同的利益訴求，採購人員則是有效整合雙方的需求，以實現一場雙贏的合作。為此，人員經常需要與供應商協商和談判，為了確保合作的健康開展，更要致力於和對方進行一場雙贏的談判。可以說，必要的談判能力是不可缺少的一項能力。

上述四個問題是採購人員在工作中經常要解決的問題，也是企業領導階層在了解採購工作狀況時經常會問的問題，因此一定要能熟練掌握。

07

想成為專業採購人，這些證照先考到

現在很多行業會有相應的證書可以考，並以這些證書作為行業進入門檻，或者職業水準鑑定。對此，採購當然也不例外，由於主考單位和頒證單位的不同，當今國內外不少機構，也提供不同種類的證書供人們來考。

總的來說，透過調查中國幾個大的招聘網站（如智聯招聘、中華英才網、前程無憂等）發現，大多數招聘採購類職位的企業主要看重學歷、行業背景、採購工作經驗、人品、談判能力、成本控制能力、品質管理技能與知識等因素，明確規定「應聘者必須持有某項採購認證證書」的規定，還是極其少見的。由此可見，採購工作主要需要的還是經驗和專業知識，而這需要透過用心學習才能具備。因此，從業者要具有一定的學習能力。（按：臺灣則有採購專業人員基本資格或進階資格者可以取得，須透過主管機關或其委託之機關或學術機構舉辦的訓練或講習課程，並領有資格或結訓證明。例如財團法人中華綜合發展研究院，就會舉辦政府採購專業人員基礎訓練班及進階訓練班，結訓、考試後則會頒發及格證書。）

雖然大多數企業在招聘採購人員時，並未要求應聘者具備相應的採購證書，但是證書可為自己加分，而且很多採購證書也能發揮系統歸納，以及統整採購知識和技能的作用，因此，根據個人情況考取相應的證書，對豐富知識體系，也是個有益的選擇。

另外，有些地區和單位，採購人員持有相應職業證書，在評定職稱等方面或許還會有用。為此，在此簡要介紹時下比較流行的幾種認證考試，以供大家參考。

1. 採購職業資格認證：

中國的採購職業資格認證共分四個等級，分別是採購員（國家職業資格四級）、助理採購師（國家職業資格三級）、採購師（國家職業資格二級）、高級採購師（國家職業資格一級）。採購職業資格認證各級證書，由中國人力資源和社會保障部頒發。

中國人力資源和社會保障部（原勞動和社會保障部）規定，國家職業資格共分為五個等級，其名稱與等級從高到低依次為高級技師（一級）、技師（二級）、高級技能（三級）、中級技能（四級），和初級技能（五級）。

2. 專業採購經理認證：

專業採購經理認證的英文全稱是「Certified Purchasing Manager」，簡稱CPM。該認證由美國供應管理協會（Institute for Supply Management，簡稱ISM）於一九七四年推出，是被全球企業認可和推崇度極高的認證，在其推出以後的幾十年裡，已經成為採購行業的一項重要國際標準。這項考試目前共分為四個模組，即採購流程（Purchasing Process）、供應環境（Supply Environment）、增值策略（Value Enhancement Strategies）和管理原理（Management），申請認證的人只有全部通過測試，才有資格通過。

3. CIPS認證：

英國皇家採購供應管理學會的全稱為「Chartered Institute of Purchasing and Supply」，簡稱CIPS，該組織的認證即命名為CIPS認證。該學會建立於一九三二年，其推出的CIPS註冊採購與供應經理認證在國際上享有盛譽，截至目前，得到世界上一百二十多個國家的認可和採用，不僅獲得眾多國際專業組織的廣泛認可，還獲得眾多著名大學的認可，如英國伯明罕大學（University of Birmingham）、香港理工大學、澳大利亞昆士蘭大學（The University Queensland）等。

4. 採購經理證書：

採購經理證書的全稱為「Certificate In Purchasing」，簡稱CIP，該認證由加拿大採購管理協會（Purchasing Management Association of Canada，簡稱PMAC）實施，參加CIP採購經理認證的人，須向加拿大採購管理協會中國認證總部，及各地代理培訓機構索取申請資料，並提交報名資料；對於報名資料審查通過的，協會將通知符合要求的申請人參加培訓課程，加拿大採購管理協會培訓項目中國認證總部的認證處理，時間集中在每年的六月、九月和十二月。

上述認證考試僅供大家參考，具體報名時間、報名資格、報考費用，以及認證考試時間等問題請諮詢相關機構。同時，鑒於有些認證考試的費用不菲，而且需要投入相應的時間和精力等成本，在此建議大家根據個人的實際情況，慎重考慮是否選擇認證。（按：目前臺灣官方較正式的證照，有採購專業人員基本資格或進階資格者可以取得，詳請可洽詢財團法人中華綜合發展研究院。財團法人中華採購與供應管理協會亦開辦其他採購認證的課程。）

08 從菜鳥採購到行家，不再只是會砍價

隨著採購成為企業經營戰略的重要組成，以及採購職能的日益重要，採購員正成為職場上的熱門職業並備受關注。現實中，有些人對這份工作的看法還停留在「只要會砍價、會跟單就合格」的原始階段，這顯然不符合時代、市場、企業對採購員綜合能力的要求。

一般來說，一位專業的採購員，首先應該具備良好的道德修養和人格品質，這是採購職業的根本；其次，不僅要具備能和工程技術人員共事的能力，同時還是一名談判專家、良好的協調者；再者，還應具備豐富的稅務知識和運輸物流知識，而良好的多種語言溝通和國際合作能力，有時也是必不可少的；最後，專業的採購人員還要擁有良好的心理素質和優秀的管理技能。

很多時候，我們從績效考核採購人員的過程中發現，不少人員缺乏專業度的根本原因，是沒有將採購視為專業領域來學習、研究和實踐，缺乏在這個領域的職業生涯規畫。正因為如此，一些人雖然從事了一段時間的採購工作，但仍始終處於菜鳥階段，常常在採購績效考核中墊底。

接下來，為了促進採購人員、尤其是剛入行的菜鳥蛻變成行家高手，在此提供採購領域的職業生涯規畫，以供參考：

1. 採購人員自我分析：

一個人只有認清自己，才能正確的選擇。為此，我們要全面分析自己的性格、興趣、志向、特長及管理能力。例如，採購員這個職業，需要有良好的表達和溝通能力，我們要分析自己是否有這方面的特質，如果沒有，那麼是否可以藉由後天的學習與鍛鍊來獲得。

2. 職業分析和選擇：

要充分了解採購員職業的發展前景、工作性質、職責以及所需要的知識和技能，從而讓自己的優勢與職業需要相吻合，清楚自己與目標職業間的匹配度。

3. 確定職業目標：

選擇一項職業，要在該職業中達到什麼樣的目標，通常是職涯規畫的核心。一般來說，職涯目標根據時間長短，宜長、中、短期相結合，而且要確保目標符合具體、可衡量、可達到、相關性、時效性（Specific Measurable Attainable Relevant Time-bound，簡稱SMART）的原則。

舉例來說，我們的長期目標，可能是採購總監或者高級採購顧問，中期目標是中層採購管理人員，短期則是成為一名合格的採購人員。此外，可能有些人的長期規畫是當企業家或者其他身分，但是長期目標都是經由短、中期目標，一步一步過渡來的，不能好高騖遠。

4. 選擇職業發展策略：

有了目標，還要有方法，這相當於有了宏觀戰略，還要有具體戰術才能實現戰略。這裡說的策略，相當於方法。具體來說，採購員可以透過職位輪調，有計畫的調動職位，使自己學習到其他領域的知識和技能，還可以透過認證與專業系統的學習，拿到含金量高的認證證書，相當於為自己鍍金和充電。另外，採購的國際化趨勢日益明顯，世界市場的資源正不斷深度整合，為此，採購員還須掌握必要的外語能力。

5. 制訂行動計畫：

這裡的行動計畫，是指落實目標的一整套措施的組合，主要包含工作、培訓、教育、輪調等。處於當今網路採購、全球搜索、電子目錄、戰略聯盟和整合供應鏈的時代，採購員正逐漸轉變為複合型人才，需要掌握多項工作能力，如電腦技術、生產控制、庫存管理、財務會計、經濟學等。為此，人員要加強學習這些能力，從而讓自己不斷接近職業發展目標。

6. 評估、回饋與調整：

曾子說：「吾日三省吾身。」這告訴我們，一個人要對自己做必要的歸納與評估，從而在提高自身能力。因此，採購員也要經常評估自身能力，以及評估環境變化，並及時的回饋與調整。例如，工作中需要具備新的能力，那麼採購人員就要盡快學習與掌握。

一個人在自己的職業生涯中，究竟能夠走多遠，取決於是否規畫的夠遠；想到才有可能做到，如果想都沒有想，連規畫都沒有，我們又怎能知道應該將腳邁向哪個方向，以及在職業生涯中應該如何把握每個關鍵期？基於此，採購人員若有一個清晰、可行、有效的職業發展規畫，就一定能夠從菜鳥蛻變並發展為行家！

範本一：採購經理績效標準表

採購部 ____ 年 __ 月績效考核表（1）

被考核人：________ 職務：採購經理 文件編號：________

考核指標	考評內容	考評標準	權重	自評	測評	決定
工作紀律（10分）	個人考勤	按時上下班與值班，服從工作安排。遲到早退1次扣3分，不服從安排或曠職者，此項考核為0分。	6			
	遵章守紀	警告以上處分扣4分，獎勵1次加4分。	4			
管理績效（80分）	採購計畫制訂	主持採購部各項工作，提出公司的物資採購計畫（特殊採購除外）。未制訂或沒有具體的執行週期，不合格項每項扣2分。	10			
	物料採購管理	及時了解公司各部門物資需求及消耗情況，熟悉各種物資的供應管道和市場變化情況，指導並監督員工開展業務。	10			
	存貨周轉管理	改進採購的工作流程和標準，透過盡可能少的流通環節，減少庫存的單位保存時間和發生額外支出，以達到存貨周轉的目標。不合格項，每項扣5分。	15			
	異常問題處理及時性、協調速度和效果	監控追蹤採購計畫的執行進度，對異常情況隨時做出調整，並及時上報。出錯1次扣1分，當月連續4次發生未及時處理事件，此項考核為0分。	10			

（接下頁）

考核指標	考評內容	考評標準	權重	自評	測評	決定
管理績效（80 分）	採購物料價格合理性	採購成本下降率，公司目標達成得滿分。	15			
	管理有效性	定期或不定期組織本部門人員分析討論、歸納經驗，以改進工作方式，提高效率，降低成本。每月至少 2 次對部門內人員進行職位技能培訓，少 1 次扣 5 分。	10			
	採購原則	稽核部門內的採購流程遵守原則：對所選樣的規格、品質全權負責，採購比價建立貨比三家，確保價格、品質的可比較性。不合格項每次扣 3 分。	10			
其他考核（10 分）	扣分因素	通知開會及學習遲到、早退 1 次扣 1 分，無故缺席 1 次扣 3 分。	3			
	執行力	未在規定完成時限內落實公司分配的臨時工作任務，1 項扣 2 分。	5			
	協作性	不配合、不回應其他部門的正當工作請求，以及完成品質差的，出現 1 次扣 2 分。	2			
獎勵	特殊貢獻獎勵	當月有（本職或部門以外工作）具體事蹟者，為公司節約成本或創造效益之情況，可加 2 ～ 10 分。				
		具體事蹟描述：				
最終考評得分：						
核准：__________ 審核：__________ 制訂：行政部						

範本二：採購員績效考核表

採購部 ____ 年 ____ 月績效考核表（2）

被考核人：____________ 職務：採購員　　文件編號：______________

考核指標	考評內容	考評標準	權重	自評	測評	決定
工作紀律（10分）	個人考勤	按時上下班與值班，服從工作安排。遲到早退 1 次扣 3 分，不服從或曠職此項考核為 0 分	6			
	遵章守紀	警告以上處分扣 4 分，獎勵 1 次加 4 分。	4			
管理績效（80分）	採購物料品質合格率	目標 ≥ 99.5%。每低於目標 1% 扣 2 分，不足 1% 的按 1% 算；低於 94% 的此項考核為 0 分。	10			
	採購物料及時率	目標 ≥ 98%。每低於目標 1% 扣 2 分，不足 1% 的按 1% 算；低於 95% 的此項考核為 0 分。	10			
	生產支持	影響 1 次扣 2 分，當月連續 4 次發生影響生產事件，此項考核為 0 分。	15			
	異常問題處理及時性、協調速度和效果	出錯 1 次扣 1 分，當月連續 4 次發生未及時處理事件，此項考核為 0 分。	10			
	採購物料價格合理性	公式：（1 ＋實際達成率－ 5%）×15%	15			
	採購原則	採購比價建立貨比三家，確保價格、品質的可比較性。	5			

（接下頁）

考核指標	考評內容	考評標準	權重	自評	測評	決定
管理績效（80分）	個人管理有效性	及時處理交期預警及採購交期進度回饋；供應商資訊資料管理完整性；供應商付款處理情況；問題紀錄、解決及溝通；詢比價工作的執行情況；規範管理檔案，呆料和退貨及時處理；合理庫存量控制。不及時或未處理者每次扣 2 分，4 次及以上者此項考核為 0 分。	15			
其他考核（10分）	執行力	在規定完成時限內未落實分配的臨時工作任務，1 項扣 2 分，2 次及以上者此項考核為 0 分。	5			
	協作性	不配合、不回應其他部門的正當工作請求，完成品質差的，出現 1 次扣 2 分。	5			
獎勵	特殊貢獻獎勵	當月有（本職或部門以外工作）具體事蹟者，為公司節約成本或創造效益之情況，可加 2 ～ 10 分。				
		具體事蹟描述：				
最終評價得分：						
核准：＿＿＿＿＿＿ 審核：＿＿＿＿＿＿ 制訂：行政部						

第8章

這樣降低採購總成本，別人打平你卻獲利

降低採購總成本，並非簡單的依靠殺價那麼簡單，而是深入分析企業經營中的各個環節，提高採購的精準度、優化採購流程。如此一來，便可提高企業的利潤率，還能有效降低成品的整體價格。

01 採購成本有三種——訂購、維持、缺料

採購支出在企業經營成本中，占有很大的比重。在這項支出中，企業除了付出的貨款以外，還支出了哪些成本？作為專業的採購人員，還要看到企業為開展採購活動而發生的各項費用，這也是採購成本中的重要組成部分。這些成本主要包括三項，即訂購成本、維持成本和缺料（或缺貨）成本。接下來將介紹這三項採購成本的含義與構成。

1. 訂購成本：

訂購成本是指，企業為了完成某次採購而進行的各種活動費用，比如採購人員的辦公費、差旅費、郵資和通信費等各項支出。在企業經營中，這部分的費用通常會以下述名目出現：

(1)請購手續費用：這是指因請購活動而發生的人工費、辦公用品費，以及存貨檢查、請購審查等活動發生的費用。

(2)採購詢比價費用：這是指採購人員調查供應商，以及詢價、比價、議價、談判等活動

發生的通訊費、辦公用品費、人工費等。

⑶採購驗收費用：這是指採購人員參與物料（或貨物）驗收所花的人工費、差旅費、通訊費，檢驗儀器、計量器具等發生的費用。

⑷採購入庫費用：這是指入庫前的整理挑選費，包括挑選整理過程中的工費支出，和必要的損耗損失。

⑸其他訂購成本：這是指發生在訂購階段的其他費用，例如結算採購款項時發生的手續費用等。

2. 維持成本：

維持成本是指，企業為保有物料或貨物，而展開的一系列活動所發生的費用。在企業經營中，這部分的費用通常以下述名目出現：

⑴存貨資金成本：這是指因存貨占用企業的資金，使這筆資金喪失使用機會而產生的成本。

⑵倉儲保管費用：這是指物料（或貨物）存放在倉庫而發生的倉庫租金、倉庫內配套設施費用，以及因倉庫日常管理、盤點等活動而發生的人工費等。

⑶裝卸搬運費：這是指因倉庫存有大量物料（或貨物）而增加的裝卸、搬運活動所發生的人工費、搬運設備費等。

(4)存貨折舊與陳腐成本：這是指存貨在維持保管過程中，因發生品質變異、破損、報廢等情形而發生的費用。

(5)其他維持成本：這是指發生在維持階段的其他費用，如存貨的保險費用等。

3.缺料（或缺貨）成本：

這項成本是指企業因採購無法及時趕上，而造成物料或貨物供應中斷所引起的損失，包括停工待料損失、延遲發貨損失、喪失銷售機會損失以及商譽損失等。在企業經營中，這部分的費用通常以下述名目出現：

(1)安全庫存及其成本：這是指企業因預防需求或提前期（按：從訂貨到交貨所需的時間）方面的不確定性，而保持一定數量的安全庫存所發生的費用。

(2)延期交貨及其損失：這是指企業因缺料（或缺貨）而延期交貨，所發生的特殊訂單處理費，以及額外的裝卸搬運費、運輸費及相應的人工費等。

(3)失銷損失：這是指企業因缺貨，致使客戶轉而購買其他產品，而引起的直接損失。

(4)失去客戶的損失：這是指企業因缺貨而失去客戶，也就是說，客戶永久轉向另一家企業，並因此給本企業帶來的損失。

另外，上述三項採購成本，各自還可以拆分為固定成本和變動成本。例如，在訂購成本中，採購部常設的基本開支變動性很小，稱為訂購的固定成本；而差旅費、通信費等則處於變動之中，稱為訂購的變動成本。透過深入了解採購成本的構成，有助於在採購工作中努力降低不必要的支出成本，強化成本意識。

02 採購成本分析，視情況採用價值分析或價值工程

價值分析（Value Analysis，簡稱ＶＡ）和價值工程（Value Engineering，簡稱ＶＥ）是美國奇異公司，在一九四〇年代提出的，最初用於解決防火材料石棉的問題。日本在一九五〇年代，組團赴美考察時，得悉此項降低成本的工具，便將ＶＡ／ＶＥ引進日本，隨後推廣開來，成為更加成熟的價值分析方法，並很快擴散到各領域的實際應用中。

一般來說，ＶＡ／ＶＥ主要是為了在保持產品的性能、品質及可靠性的前提下，憑藉系統而有條理的改善，改良設計或者變更材料種類、型態，或是變更製造程序、方法，或變更材料來源，從而以最低成本，獲得產品必要的功能和品質。

概念上，價值分析與價值工程有著細微差別。**價值分析是基於待採購產品對於企業的價值，以最低成本獲得產品的理想功能；價值工程則是透過研究採購產品，或採購過程服務的功能，以最低的生命週期成本**（按：指產品生命週期中所有支出費用的總和，請參照第三二一頁），**藉由剔除、簡化、變更、替代等方法，來達到降低成本的目的。**

由於採購的產品在設計、製造、採購的過程中，往往存在一系列無用的成本，因此採用價值分析和價值工程的方法，便是在確保產品正常功能的情況下，消除多餘成本，從而有效降低採購成本。

在VA／VE法中，有一個著名的價值公式，即：V＝F／C。

公式中，V為價值（Value），F為機能（Function），C為成本（Cost）。V與F成正比，與C成反比，也就是說，產品的機能越強，給企業帶來的價值就越大；產品的成本越高，給企業帶來的價值就越小。透過價值分析，使得企業實現成本最小化、價值最大化。

舉例來說，一家汽車整車廠在採購配件螺絲的時候，螺絲有鐵的，也有銅的。已知鐵螺絲和銅螺絲，在滿足企業該項特定需求方面的機能（經過量化）是一致的，其中，鐵螺絲的成本為〇．二元，銅螺絲的成本為〇．三元，鐵螺絲給汽車整車廠帶來的價值更大一些，所以該汽車整車廠採用鐵螺絲，更能降低成本。（按：實務上的情況，通常是A零件機能數字差B零件一些，但成本數字低很多，這就涉及取捨，必須納入更多機能選項以供考量。）

通常情況下，VA／VE法作為比較完善的成本管理技術，在實踐中也形成了科學的實施程序。這套實施程序實際上是發現、分析和解決矛盾的過程。這套方法通常會在邏輯上，按照以下七個步驟展開：

第一步，這是什麼？選定價值分析的對象。

第二步，這是幹什麼用的？透過蒐集足夠的情報資料，對產品用途（機能，價值公式中量化過的F）有深刻的認識。

第三步，它的成本是多少？了解產品的成本（價值公式中的C）。

第四步，它的價值是多少？藉由價值公式，了解產品帶給企業的價值（V）。

第五步，是否有其他方法能實現此功能？用價值工程思想，提出改進方案。

第六步，新的方案成本是多少？功能如何？再次運用價值分析的方法，了解產品的成本和功能。

第七步，新的方案是否能滿足要求？分析和評價方案，並評價方案成果。

一般而言，在採購工作中，提高待採購產品給企業帶來的價值，有五種基本途徑：

1. 功能不變，降低成本，提高價值。
2. 功能有所提高，成本不變，提高價值。
3. 功能略有下降，成本大幅度降低，提高價值。
4. 提高功能，適當提高成本，從而提高價值。
5. 提高功能，降低成本，大幅度提高價值。

工作上，我們可以根據實際情況，選擇能給企業帶來更大價值的適當方法。（按：市面上有更專業的書籍，供讀者自學價值工程。）

03 採購5R原則，有效降低採購成本

企業在採購過程中，通常要遵循哪些原則，才能使採購效益最大化？在此介紹採購界廣泛運用的5R原則，即在適當的時候，以適當的價格，從適當的供應商那裡，買回滿足企業所需功能和數量的物品。

5R原則是指適時（Right Time）、適質（Right Quality）、適量（Right Quantity）、適價（Right Price）、適地（Right Place）。在此我們結合採購工作，來了解這五項原則。

1. 適時：

在實際工作中，若企業已安排好生產計畫，原材料卻未能如期交付，往往會引起企業內部的生產混亂，即導致產生停工待料，當產品不能按計畫出貨時，則可能會引起客戶的強烈不滿；若原材料提前於生產安排時間送到，放在倉庫裡等著生產，又會造成原材料庫存過多，大量積壓採購資金，這通常是企業所忌諱的。因此，採購人員要扮演協調者與監督者的角色，促使供應商按預定時間交貨。

2. 適質：

在當今激烈的市場競爭環境中，一間不重視品質管理的企業，將難以在市場立足。為了改善產品品質，企業必須要在採購環節就注重品管，否則，由於採購物品的品質達不到規定的使用要求，會帶來嚴重的後果。例如來料品質不良，往往導致內部相關人員花費大量的時間與精力處理，在重檢、挑選上花費額外的時間與精力，導致生產線返工（重新加工或製作）的情況增多，有可能引起不能按承諾的時間向客戶交貨帶來的風險，以及喪失客戶等。所以，在採購環節一定要做好品質管理。

3. 適量：

採購的數量過多會積壓採購資金，增加倉儲成本，影響採購的總成本；採購數量過少又不能滿足生產需要。所以確定合理的數量就極為關鍵。在採購中，最理想的狀態是需要多少買多少，不多不少剛剛好。

4. 適價：

價格永遠是採購活動中的焦點，也是企業最為關注的重點。為此，採購人員往往在價格問題上付出較多的時間和精力。儘管雙贏是供需雙方追求的共同結果，但是在採購中確定一個適當的價格，並不是件容易的事，這通常需要不間斷的努力才能達到。例如，採購人員要貨比三家，多管道獲得報價，從而能較清晰的了解採購物品的市場價格，便於從中比較；接著，還要透過與供應商多輪議價，最終確定雙方都可以接受的價格。

5. 適地：

在日本的即時生產方式中，對供應商的選擇有一個重要的因素，那就是就近原則。因為距離較近，採購方才能更為便捷的從廠商處獲得原料支持，從而更快的回應市場需求。

基於此，採購活動中有一個重要的概念，即**採購半徑**，是指供應商距離採購方指定到貨地點的平均距離。採購半徑越小，意味著距離越近，交貨期就越有保障；採購半徑越大，意味著距離越遠，考慮到運輸途中的意外情況，交貨期就越難以保障。所以，企業在選擇供應商時，比較適宜選擇距離較近的，既可以使供需雙方更為便捷的溝通，還可以有效降低物流成本。

據統計，很多歐美企業剛到中國投資建廠時，九五％以上的生產原料都是從國外運來的；現在，在中國投資建廠的歐美企業，所需要的原料有九五％左右是在中國採購的，在很大程度上實現了採購當地語系化，與採購半徑最小化。

總而言之，5R原則在實際運用中簡潔有效，對於幫助降低採購成本，有著積極的作用，也是指導我們執行採購的有益思路。

04 三步分析法，當場快速掌握採購成本

採購作為一項專門技術，其中尤為核心的莫過於成本分析，因為這對於降低採購成本有著非常重要的作用。那麼，在採購工作中，有沒有簡捷高效的方法？在此介紹三步分析法，即透過三個步驟，快捷的分析採購成本。這三個步驟依次是：

1. 分析公司現有的產品結構：

對於一間企業來說，往往會同時經營多種產品，不同種類的產品，為銷量和利潤帶來的貢獻值通常不一樣。一般來說，企業通常既有自己的主銷產品，也有次銷產品。主銷產品一般能夠占總銷量的八〇％左右，為此，對於那些**越是好賣的產品，越是要降低其成本**，會對降低總成本有更顯著的作用。

因此，分析企業現有的產品結構，**確定主銷產品及其成本結構**，有助於確定削減成本的正確方向。一般來說，在主銷產品的成本結構中，材料成本的比例往往很大，因此有效降低材料成本，就能有益降低主銷產品的成本，從而降低總成本。

在降低材料成本方面，我們提供三種方法：

⑴降低材料價格：既然材料成本所占比例很大，那麼降低材料價格，自然是一種較為直接的方法。在實際工作中，採購方要實現一定的採購規模，供應商一般才會適度降低價格。另外，採購方還不能僅僅關注單價，更要關注總成本，即關注材料的生命週期成本。

其中，材料的生命週期是指，採購方與供應商談好單價，到材料交付、運輸、檢驗、儲存、使用，轉化成相應的產品，直至產品被客戶接受，或者被客戶投訴並處理完投訴的整個過程。生命週期成本便是附加在材料單價之上的各種費用支出之和。這其實在告訴我們：追求降低單價的前提，是關注材料的總成本，這樣才能避免顧此失彼。

⑵減少材料用量：主銷產品上耗用的材料用量減少，也會有利於降低材料成本，但是要這樣做，得務必確保生產過程不受影響，絕不能犧牲產品的正常功能和品質。為此，企業可以透過調整生產工藝，改造設備，加大材料的利用率來實現。

⑶採用新材料：企業可以採用價格更低、功能相近、符合使用要求的新材料，替代舊有材料。同樣，更換舊材料的前提是，不能犧牲產品的正常功能和品質。

2. 制訂企業的分解報價表：

舉例來說，一間飲料廠需要採購飲料包裝瓶，找來三家供應商報價，第一家報價每個飲料瓶〇．二九元，第二家報價〇．三一元，第三家報價〇．二八元。飲料廠的目標價位是每個飲料瓶〇・二七元。那麼該如何從這三家廠商選擇，並將價格降到期望的〇・二七元？

這裡有一個方法，那就是，**讓這三家供應商提供分解報價表**，也就是說，三家廠商報的**價格，具體可以分解為哪些費用**，如瓶身、瓶蓋、單位工時、折舊分攤以及三大費用（銷售費用、管理費用和財務費用）等。

一般來說，供應商對報價分解得越徹底，報價構成的項目越細分，不同報價之間的差異點就會越多；差異點越多，採購人員在談判時獲得降價的機會就越多。這是因為可以向多個認為不夠合理的價格構成項目「進攻」，從而達到降價的目的。

3. 重點關注總成本分析：

前面已經提到，在採購時要關注總成本分析。其實，這個思路是貫徹整個採購過程的。對於一般的生產性材料來講，**總成本包括六個部分，即購買成本、運輸成本、檢驗成本、倉儲成本、品質成本與交易成本**。此外，對於固定類資產的設備或生產線而言，總成本還包括運行成本、維護成本、售後服務成本以及處置成本。

重要的是，在分析採購成本時，要思路清晰、步驟系統且有條理，這對增強採購能力很有幫助。

05 商務管道降成本，可從談判、招標、付款下手

在降低採購總成本方面，通常有多個管道。那麼，企業如何透過商務管道來達到這項目標？一般情況下，商務管道降成本的方法有**競爭性談判**、**鼓勵供應商之間的競爭**、**招標採購**、**調整付款方式**、**延長付款時間**、**優化運輸管理**等。接下來將逐一介紹這些方式。

1. 競爭性談判：

曾有人這樣形容：採購的日常事務主要是找貨源、談判，再找貨源、再談判，周而復始。這在某種程度上揭示出談判對於採購的重要性。一般來說，衡量談判是否成功，主要看其是否同時滿足三項條件：一是簽署一個雙方都認可、有效力的協定；二是要看談判者花了多長時間達成這個協定，是否能夠滿足企業對時效的要求；三是在簽署協定後，能否維持雙方和諧的關係，確保協議有效的順利執行。應該說，採購人員在談判時，要力爭實現這三個條件，從而確保談判成功。

2. 鼓勵供應商之間的競爭：

供應商之間的合理競爭，有利於降低產品價格，甚至提高生產效率。在實際工作中，採購方鼓勵合理競爭的方法，主要是差異化和低價格。例如，廠商之間產品的功能差異、外形設計差異、服務差異、價格差異等，都促使彼此競爭。為了鼓勵這類合理競爭，採購方要做到對供應商一視同仁，注重開發新廠商，並且運用新廠商的競爭優勢，與現有的供應商競爭性談判。

另外，鑒於更換供應商需要付出一定成本，而且存在著一定風險，採購方要慎重更換，引進新供應商很大程度上是為了取得談判優勢，以降低成本，同時激發廠商提供更有競爭力的產品、服務和價格。

3. 招標採購：

企業常用的招標採購方式有兩種：一種是公開招標，另一種是邀請招標。公開招標是招標方以招標公告的形式，邀請不確定的供應商投標的方式，其基本特徵是供應商的數目較多或者不確定；邀請招標是指招標人以投標邀請書的方式，直接邀請特定的潛在投標人參加投標，並按照法律程序和招標文件規定的評標標準和方法，來確定得標人的方式，邀請招標的基本特徵，是供應商數目較少或者已經確定。

一般來說，招標採購有利於激發供應商之間的競爭，規範採購行為，使得採購方在一定程度上降低採購價格，獲得更多的額外服務。同時，招標採購中的公開招標，通常是面對全社會，還有利於開發更多的潛在供應商。

4. 調整付款方式：

採用適當的付款方式，有利於降低採購成本，常見的付款方式有先款後貨，也就是供需雙方簽訂契約後，採購方立即一次性付款，貨款到後發貨，這種情況下，供應商一般占有強勢地位；還有先貨後款，供需雙方簽訂契約或訂單後，貨到後才付款，這種情況下，採購方比較強勢；另外，收取保證金的方式，一般是收取貨款的一〇%為質保金，質保期到後無問題再付。

5. 延長付款時間：

企業在經營中總會出現應收款與應付款，對於企業來說，理想的狀態是：「應收款儘早收回，應付款延遲付出。」其中，延長付款時間可以為公司爭取更多的現金流，有利於提高資金效率，減少資金占用成本。

6. 優化運輸管理：

企業在採購契約或訂單上，要清楚說明運輸要求，例如運輸量、運輸價格、運輸距離、運輸路線、運輸目的地、到達時間等，從而控制運輸的品質、效率與成本。此外，雙方還要明確規定運輸費用由哪一方支付。

此外，在商務管道降成本的方法中，還有反向拍賣等方式，即採購方居於主導地位，在一些資訊平臺，如網站上給出要採購產品的詳細規格描述，然後多家供應商依次出價，最後與報價最低者成交。當然，採取這種方法時，採購方還要確保採購品質。

在實際工作中有很多利用商務管道降成本的方式，採購人員可以一邊工作、一邊發現、一邊歸納。

06 優化採購流程八步驟，從資訊溝通順暢開始

採購通常是企業為了正常生產、服務和營運，而向外界獲得原材料和服務的行為，是企業產品增值過程的起點。基於此，採購流程作為企業業務流程的起始端、重要組成部分，不僅僅是從市場上購回需要的物料，而是一種外部製造的管理，也就是要把組織的生產能力和製造能力擴展到供應商，充分利用企業自身不具備的外部資源，從而幫助降低成本。

以製造業為例。這類企業的採購是一項複雜的活動，它包括了從生產計畫到制訂物料清單、提出採購申請、發送並確認採購訂單、驗收入庫、支付貨款的整個過程，除了專門負責的採購部以外，還需要其他部門的介入與配合，這些部門不僅包括企業內部的技術部、生產製造部、品管部、財務部、發貨部等，還包括企業外部的供應商。

在這個過程中，不同階段的任務由不同部門的人員來完成，包括採購員、技術員、生產需求人員、品管員、財務員、倉管員等，有了這些人員共同的積極配合，才能保證順利完成採購流程。

在傳統的採購流程中，採購人員與其他部門的工作人員，在資訊溝通方面存在滯後性

（按：指企業結構，對於企業戰略變化而言，變化較慢的特性），造成採購過程在採購流程設計階段的高成本，並因此造成存貨積壓和待料停產並存，回應顧客需求遲鈍等問題，在某種程度上增加了總成本。

為此，企業優化採購流程就很重要，而且有助於降低採購成本。一般來說，採購流程包括八個步驟，在實際工作中，企業可以根據實際需要，優化這些步驟：

1. 發現需求：

通常有兩種方式：一是企業內部由使用部門根據實際需要，有規範的提出物料需求；另一種是採購部根據以往採購經驗來歸納，預測需求，並交由物料使用部門確認。

2. 可行性研究：

在提出採購需求後，關於是否需要採購，以及預算等問題，企業內部要進行多方科學研究，以確認是否採納採購需求的主張。

3. 需求立項：

企業經過可行性研究後，認為有必要採購物料，則要組建包括使用部門、技術部門、財務部門、決策部門、採購部門等項目採購小組，展開採購工作。一般來說，項目採購小組的經辦人，通常是採購部工作人員。

4. 確定採購標準：

要採購的物料都有哪些，這些物料的規格要符合哪些相應的標準規定，對供應商的選擇有哪些硬性和軟性規定等，項目採購小組在該階段形成完整、可操作的標準。

5. 制訂採購方案：

確定採購標準後，項目採購小組要根據採購物流的特點，確定適當的採購方案，並據此與相應的供應商溝通。在方案中，企業要確定採用何種方式，如集中採購、分散採購、招標採購等。

6. 選擇供應商：

採購人員一般會從大量供應商中去蕪存菁，確定一批重點廠商，並與他們展開採購談判。由於採購方不可能與所有廠商一一細談，而是需要確定重點供應商作為談判對象，因此，該階段主要便是確定採購談判的對象。

7. 採購談判：

採購人員確定重點供應商後，就該與這些廠商展開談判了。努力進行一場對供需雙方都有利的雙贏談判，並取得建設性成果，為下一步的簽訂契約打下基礎。

8. 簽約履約：

該階段主要是簽訂採購契約，履行契約，確保採購工作按預期進度完成。

另外，在優化採購流程方面，隨著網路時代的到來，企業的採購工作越來越多是依靠網路平臺完成，從而改善採購流程的運作模式，降低運作成本、縮短訂單週期，更穩當的控制業務，提高企業營運效率。

成本一般都是在某個過程中形成的，採購成本也不例外。有效優化採購流程，也可以幫助降低採購成本。

07 運用技術手段降成本，材料要好替代、性價比要高

我們在前面曾提及用VA／VE法降低採購成本。其實，在這裡所提到的技術降成本，主要就是運用這個思維，**提高各種材料的通用程度**。一般來說，**越容易在市場上買到材料，採購成本往往越會相對較低**。我們還可以尋找性價比更高的替代性材料，運用技術手段減少生產環節產品的單位耗用量，當然，前提是務必保障產品正常的品質、功能和安全屬性。

在實際工作中，**利用技術降成本主要應用在產品設計階段**，既包括開發新產品，也包括改良現有產品；既包括設計與優化產品本身，也包括設計與優化產品包裝。透過這些技術手段影響產品的成本結構，尤其是降低成本。

一般來說，要有效實施用技術降成本，通常會由採購部門來主導，與研發及技術部形成跨部門的功能小組，為了協調各部門的工作，企業管理層的領導者也可介入，從而實現跨部門的橫向協調。

在用技術降成本方面，主要提供四種方法，分別是通用化設計、新型化設計、輕量化設

計與包裝優化設計。如果採購的材料能夠應用這些技術手段，一般會在一定程度上降低成本。接下來一一闡述。

1. 通用化設計：

通用化一般是以互換性為前提的。所謂互換性，是指在不同時間、地點製造出來的產品或零件，在裝配、維修時，不必經過修正、就能任意替換使用的性能。可見通用化設計的目的，就是最大限度的擴大同一產品（如零件、部件、最終產品等）的使用範圍，從而最大限度的減少產品（或零件）在設計和製造過程中的重複勞動。

舉例來說，現在不少傢俱產品採用板材組合的形式，各種板材事先按照規定尺寸做好，再配以統一的螺絲釘等緊固件，倘若其中一塊板材壞了，再取來一件同樣規格的板材，就可以替換使用，這種通用化設計就顯著降低材料成本。

2. 新型化設計：

是指在不犧牲產品的正常功能與品質，包括產品安全屬性的前提下，採用價格更低、功能相近，甚至更好的新材料來替代；可見，其本質是改變產品的材質。舉例來說，在電器行業裡普遍盛行以鋼代銅，以工程塑料包裝代替金屬材料，以鋁塑複合材料代替不鏽鋼，或者純鋁質材料等，便是採用了新型化設計來降低成本。

3. 輕量化設計：

是指在不犧牲產品的正常功能與品質，包括產品安全屬性的前提下，透過改良設計，調整產品結構或配方，減少成本占比較大材料的單位耗用量。其本質是減少材料用量。

舉例來說，在汽車行業，普遍盛行日系車比歐美系車輕的話題，原因是日系車大多採用輕量化設計，其中典型的就是日系車車門的關門聲，沒有歐美系車的關門聲重。這是因為日系車普遍採用重量較輕的車門填充物，而歐美系車則大多採用比較厚重的車門填充物，這兩種填充物，一般不影響車門的正常開、關。

4. 包裝優化設計：

關於包裝優化，採購人員要懂得，最終使用的是產品本身，包裝最重要的功能就是保障產品品質不受到損壞，以及運輸與搬運的需要，因此過度包裝相當於浪費成本。關於包裝規格，採購人員在與供應商簽訂契約時，一定要明確規定。

一般來說，包裝的優化設計方法主要有：改變包裝材質，例如用塑膠包裝代替紙質包裝；多用標準包裝或中性包裝，減少包裝物的種類，增強包裝用品的通用性；增加包裝的重複使用次數等。

總結來說，透過技術改進措施，可以有效降低物品本身的成本，從而降低採購成本。為促使有效實施技術改進以降低成本，在必要的情況下，還可以和供應商探討有關生產技術改進的問題。這樣的話，有利於降低採購物品自身的成本。

08 採購進階五階段，再逐步降低成本

在企業發展的不同階段，採購管理的目標也會不同，基於目標的差異，採購管理的發展路徑大致包括五個階段。總結來說，各發展階段，在降低成本方面各有側重點，接下來則依次分析這五個階段。

階段一：側重於供料：

該階段的採購主要是確保有原料，不影響正常的生產經營。這時採購人員從事的，更多是行政類工作，比如一些成立不久的小公司，採購量一般較小，生產部門對採購物料設定好要求後，採購員下單、跟單、收料、付款，從事的工作內容相對比較簡單。此時的採購，在管理上也比較粗放，對其他因素的考慮還比較少。

階段二：側重於價格：

該階段的主要目標是節省開支，採購人員的角色也轉變為談判人員，比較重視透過降低

採購價格來降低成本，甚至透過價格差，將採購變成了一個利潤中心。例如，有些公司利用規模優勢，系統的取得最佳採購價，甚至幫別的公司採購，從中賺取價差，這種情況下的採購，在一定程度上發揮了營利的作用。

階段三：側重於總成本：

雖然降低採購價有助於節省支出，但是採購價只是成本價的一部分，甚至有時候企業爭取到好的價格，卻是以犧牲其他成本為代價。舉例來說，採購部以低於市場價的價位，買來一台設備，採購部還因此受到企業領導階層的嘉獎，然而在使用中，維修成本卻居高不下，於是這部分採購成本最終由使用部門買單。在這種情況下，企業在採購管理中就要考慮到總成本，這就進入第三個階段。

階段四：側重於需求管理：

採購管理的前三個階段，主要側重於供應方面。也就是說，需求確定以後，採購要以最經濟的方式滿足要求。但是這裡存在一個問題，假如需求不合理，或者不夠優化，那麼後續的採購管理從某種程度上來說，是建立在不科學的基礎上。這時，採購管理就成了一種事後管理，具有一定的滯後性。

而在實際工作中，八〇%左右的採購成本，是在採購需求設計階段就決定好，如果採購不能進入需求設計階段，就意味著不能從源頭開始抑制成本。因此，採購開始介入企業的需求設計和確定階段，幫助企業做好設計和計畫工作，這就進入第四個階段。在該階段，採購部從專業的角度「管理」內部客戶，實際上是在為內部客戶和企業增值，例如幫助內部用戶做好計畫，說服內部客戶更改不合理的要求，從而不讓企業增加成本。

處於該階段的**採購人員，往往需要具備一定的領導力，對外管理眾多供應商，對內管理眾多兄弟職能部門**，這也是為什麼在美國供應鏈管理協會，推出的認證供應管理專家（Certified Professional in Supply Management，簡稱CPSM）測試中，領導力成為其中三大認證模組之一。

階段五：側重於全面增值：

在很多行業，採購幾乎成為企業的核心競爭力。例如，在汽車製造業中，主機廠每一百元的成本中，有八十元左右需要付給供應商；**在契約代工業中，人工成本相似，這時企業能否接到單，採購拿到的原料價格至關重要。在這種情況下，採購幾乎成為企業的命脈**，於是，採購逐漸上升到企業的戰略層面。這時採購不僅發揮著傳統採購的作用，還對企業的增值活動負責，在企業的全面增值計畫中扮演著重要角色，這就使採購進入第五個階段，也就是採購目前的最高階段。

在該階段，採購作為企業與供應商的接觸介面，處於獨特的位置，發揮著理順產品流、資訊流和資金流的重要作用，從單一的談判降價走向更高層次的流程優化、設計優化來降低成本，為企業全面增值。

總結來說，採購管理的上述五個發展階段，在某種程度上也代表了採購在降低成本方面的進步，還在一定程度上指明採購人員的工作方向，值得認真體會與歸納。

09 從沃爾瑪的案例了解全球採購

隨著世界經濟一體化的蓬勃發展，不少企業出於整合、利用全球資源，在全世界尋找供應商，藉此尋找品質最好、價格合理的產品，開始利用全球採購降低成本，這使得全球採購發展起來。實際上，我們平時耳聞的很多企業，都布局了這類採購，例如豐田汽車、福斯汽車、華為公司、蘋果公司等。我們在此主要以全球最大的連鎖超市沃爾瑪（Walmart）為例，透過認識沃爾瑪的全球採購，以對全球採購有個直觀的認識。

沃爾瑪公司崛起於美國阿肯色州（State of Arkansas），主要涉足零售業，是世界上雇員最多的企業，曾連續三年在美國《財星》（*Fortune*）雜誌世界五百強企業中居於首位。該公司在全球有八千五百家門店，分布於全球十五個國家。

為了確保有力的市場競爭地位，沃爾瑪在全球採購，並且建立全球採購網路，更設置了大中華及北亞區、東南亞及印度次大陸區、美洲區、歐洲中東及非洲區等四個區域；另外，沃爾瑪還在每個區域內，按照不同國家設立國別分公司，其下再設立衛星分公司。國別分公司是具體採購操作的主體，一般擁有工廠認證、品質檢驗、商品採集、運輸以及人事、行政管理等，關係採購業務的全面功能；衛星分公司則根據商品採集量的多少，來決定擁有其中哪一項或幾項功能。目前，沃爾瑪的全球採購中心設在中國深圳。

一般來說，採購是比較複雜的過程，為了提高採購活動的科學性、合理性和有效性，必須建立以及完善系統的採購流程，從而保證採購順暢進行。對於全球採購來說，其複雜性更是可想而知。接下來了解一下沃爾瑪操作全球採購的流程。

從組織設置上來說，全球採購辦公室是沃爾瑪全球採購的負責組織，其作用主要是在沃爾瑪分布於全球的連鎖超市買家，和全球供應商之間架起買賣之間的橋梁。**在具體實施的採購中，沃爾瑪採取了這樣的流程：**

第一，篩選供應商：沃爾瑪在採購中嚴格要求供應商，不僅在提供商品的規格、品質等方面嚴加控管，還對供應商工廠內部的管理有嚴格規定。

第二，蒐集產品資訊及報價單：沃爾瑪超市透過電子資料交換（Electronic Data Interchange，簡稱ＥＤＩ）系統，向全世界四千多家供應商發送採購訂單，及蒐集產品資訊和報價單，並向全球兩千多家商場供貨。

第三，決定採購的貨品：沃爾瑪有專門的小組負責採購，在經過簡單的分類後，該小組會準備好樣品，樣品上標明價格和規格，但絕不會出現廠商的名字，然後透過網路與沃爾瑪全球主要店面的買家（採購人員）溝通，並由買家決定是否購買貨品。

第四，與供應商談判：買家決定購買的貨品後，會和採辦人員對待購產品，在價格方面做內部討論，定下大致的採購數量和價格，再由採辦人員與廠商談判價格和細節。談判一般採取地點統一化和內容標準化的措施。

第五，審核並給予答覆：沃爾瑪要求供應商蒐集齊所有的產品文獻，包括產品目錄、價格清單等，選擇好樣品提交，並會在審核後的九十天內，給予供應商答覆。

第六，追蹤檢查：在談判結束後，沃爾瑪會隨時檢查供應商的狀況，如果對方達不到沃爾瑪的要求，沃爾瑪則根據契約，解除雙方的合作。

為有效控制全球採購，沃爾瑪的全球採購中心裡，有個部門專門負責檢測國際貿易領域和全世界供應商的新變化，以及對其全球採購的影響，並據以制訂和調整公司的政策。

一般情況下，沃爾瑪的全球採購政策主要包括三個方面：**一是永遠別買太多**，沃爾瑪的通信衛星、全球定位系統（GPS）以及高效的物流系統，使其能夠以最快的速度更新庫存，做到零庫存管理；二是價廉物美，沃爾瑪的成功之道，一個重要部分就是價格便宜，所以價廉物美通常是沃爾瑪採購的首要要求；三是突出商品採購的重點，沃爾瑪**長期致力於在全世界尋找最暢銷的、新穎又有創意、令人動心並能創造價值的商品**，從而吸引更多顧客。

總結來說，作為一家巨無霸型的世界級連鎖超市集團，沃爾瑪的全球採購有效支撐了本身的市場競爭力，也確保了沃爾瑪實施「天天平價、始終如一」的經營策略。

附錄 A　採購常見英文縮寫對照

縮寫	全拼	中文含義
MRP	Material Requirements Planning	物料需求計畫
VPO	Vendor Purchase Order	供應商採購訂單
ETD	Estimated to Departure	預計出發
ETA	Estimated Time of Arrival	預計到達時間
MIN / MAX	Minimum and Maximum	最小量與最大量
VMI	Vendor Managed Inventory	供應商管理存貨
VDPS	Vendor Daily Planning Schedule	供應商日生產安排
MAWB	Master Air Waybill	空運主提單
ERP	Enterprise Resource Planning	企業資源規畫
SFC	Shop Floor Control	現場產線管制作業系統
MOQ	Minimum Order Quantity	最小訂購量
MSQ	Maximum Supply Quantity	最大供應量
ATP	Available to Promise	可承諾量
AVL	Approved Vendor List	認可的供應商清單
BOM	Bill of Material	物料清單
BPI	Business Process Improvement	企業流程改進
BPR	Business Process Reengineering	企業流程再造
BSC	Balanced Score Card	平衡記分卡
BTF	Build to Forecast	計畫生產
BTO	Build to Order	訂單生產
CIM	Computer Integrated Manufacturing	電腦集成製造

（接下頁）

縮寫	全拼	中文含義
CPM	Certified Purchasing Manager	專業採購經理認證
CRM	Customer Relationship Management	客戶關係管理
CRP	Capacity Requirements Planning	產能需求規畫
DMT	Design Maturing Testing	成熟度驗證
DVT	Design Verification Testing	設計驗證
DSS	Decision Support System	決策支援系統
EC	Engineer Change	工程變更
EC	Electronic Commerce	電子商務
ECR（ECN）	Engineering Change Request（Notice）	設計變更請求（通知）
EDI	Electronic Data Interchange	電子資料交換
EOQ	Economic Order Quantity	經濟訂購量
FMS	Flexible Manufacture System	彈性製造系統
FQC	Finish or Final Quality Control	成品品質管制
IQC	Incoming Quality Control	進料品質管制
ISO	International Organization for Standardi zation	國際標準組織
JIT	Just In Time	即時生產
LP	Lean Production	精實生產
LTC	Least Total Cost	最小總成本
LUC	Least Unit Cost	最小單位成本
MES	Manufacturing Execution System	製造執行系統
OLTP	On-Line Transaction Processing	線上交易處理

（接下頁）

縮寫	全拼	中文含義
OPT	Optimized Production Technology	最佳生產技術
OQC	Out-going Quality Control	出貨品質管制
PDCA	Plan-Do-Check-Action	PDCA 迴圈
PDM	Product Data Management	產品資料管理系統
PO	Purchase Order	採購訂單
PR	Purchase Requisition	採購申請（請購）
QA	Quality Assurance	品質保證
QC	Quality Control	品質控制
QE	Quality Engineering	品質工程
SCM	Supply Chain Management	供應鏈管理
SOR	Special Order Request	特殊訂單需求
TOC	Theory of Constraints	限制理論
TPM	Total Production Management	全面生產管理
TQC	Total Quality Control	全面品質控制
TQM	Total Quality Management	全面品質管理
CPO	Chief Purchase Officer	採購長
R&D	Research & Design	研發與設計
TCO	Total Cost of Ownership	整體擁有成本
ESI	Early Supplier Involvement	早期供應商參與
EAU	Estimated Annual Usage	預估每年需求量

附錄 B　採購常見英語場景

1. Your price is acceptable (unacceptable).
   您的價格是可以（不可以）接受的。
2. Your price is attractive (not attractive).
   您的價格是有吸引力（無吸引力）的。
3. Your price is competitive (not competitive).
   您的價格有競爭力（無競爭力）。
4. Business is closed at this price.
   交易就按此價格敲定。
5. Price is turning high (low).
   價格上漲（下跌）。
6. Since the prices of the raw materials have been raised, I'm afraid that we have to adjust the prices of our products accordingly.
   由於原材料價格上漲，恐怕我們不得不對產品的價格做相應的調整。
7. We regret we have to maintain our original price.
   很遺憾我們不得不保持原價。
8. Everyone knows, the price of crude oil has greatly decreased.
   人人皆知，目前原油價格大幅度下跌。
9. We're ready to reduce the price by 5%.
   我們準備減價 5%。
10. Business is possible if you can lower the price to HK$2,150.

你方若能減價到港幣 2,150 元，就可能成交。

11. Don't you wish to employ RMB of ours？ US Dollars might be adopted.

如果你們不同意用人民幣結算，美元也可以。

12. In case F.O.B. is used, risks and charges are to be passed over to the buyers once the cargo is put on board the ship.

如果採用離岸價，貨一上船，貨物的風險和費用就都轉給買方了。

13. A: We can offer you this in different levels of quality.

B：Is there much of a difference in price？

A：Yes, the economy model is about 30% less.

B：We'll take that one.

A：我們可以提供 3 種不同等級品質的產品。

B：價錢也有很大的分別吧？

A：是的，經濟型的大約便宜 30%。

B：我們就買那種。

14. A: Is this going to satisfy your requirements？

B：Actually , it is more than we need.

A：We can give you a little cheaper model.

B：Let me see the specifications for that.

A：這種的合你的要求嗎？

B：事實上，已超出我們所需要的。

A：我們可以給你提供便宜一點的規格的。

B：讓我看看它的規格說明書吧。

15. A：The last order didn’t work out too well for us.

B：What was wrong？

A：We were developing too much waste.

B：I suggest you go up to our next higher price level.

A：上回訂的貨用起來不怎麼順。

B：有什麼問題嗎？

A：生產出來的廢品太多了。

B：我建議您採用我們價格再高一級的貨品。

16. A: Did the material work out well for you？

B：Not really.

A：What was wrong？

B：We felt that the price was too high for the quality.

A：那些材料使用起來如何？

B：不怎麼好。

A：怎麼了？

B：我們覺得以這樣的品質來說，價錢太高了。

17. A：You are ready to take your order now.

B：We want to try this component as a sample.

A：I can send one for you to try.

B：Yes , please do that.

A：你們現在可以準備下訂單了。

B：這種零件，我們想試個樣品看看。

A：我可以寄給你試用。

B：好，那就麻煩你了。

18. A: We can't handle an order that small.

B：What is the minimum we would have to order？

A：300 pieces.

B：I see, send those, then.

A：這麼少的數量，我們不能接受。

B：那麼我們至少得訂多少呢？

A：300 個。

B：我了解了，那就 300 個吧。

19. We are willing to enter into business relationship with your company on the basis of equality and mutual benefit.

我們願在平等互利的基礎上，與貴公司建立業務關係。

20. Our company is thinking of expanding its business relationship with China.

敝公司想擴大與中國的貿易關係。

21. For the past five years, we have done a lot of trade with your company.

在過去的 5 年中，我們與貴公司進行了大量的貿易。

22. To respect the local custom of the buying country is one important aspect of China's foreign policy.

尊重買方國家的風俗習慣，是中國貿易政策的一個重要方面。

後記 從小採購晉升大採購、經營級主管

採購作為企業的一項職能，在其發展史上，從被動接受內部採購命令、分散採購，逐漸轉變成主動以市場導向展開採購，並趨向於集中採購。從某種程度上來說，採購職能由原先的微不足道，進化為在企業內部發揮舉足輕重作用的戰略職能，實現從小採購到大採購的「華麗轉身」。

其實，對於一名採購從業者的職業發展歷程來說，往往也是經過了從小採購到大採購的轉變。那麼，這種轉變主要會表現在哪些方面？

第一，小採購與大採購的工作對象不同。小採購圍繞著訂單轉，大採購則圍繞著供應商轉。一般來說，剛開始從事採購工作時，其工作內容大多圍著訂單和採購項目轉，比如下單、跟單、催單、交貨、驗貨、收貨等，所做的工作相對比較簡單，有些偏向行政與祕書類。

當我們有了一定的職業累積時，工作內容會上升到新的階段，面臨的對象也將上升到圍繞供應商展開工作，比如評價、篩選、管理供應商，提高對方的績效，根據需要將供應商納入產品早期開發階段，充分發揮其優勢。可以說，大採購更注重解決根本性的問題，這是因

為訂單層面的問題通常源於供應商因素，能夠管理好廠商，自然可以在很大程度上控制訂單層面的問題。

第二，小採購與大採購所處的層次不同。小採購做的工作大多比較簡單，很大程度上是幫企業內的其他部門花錢買東西，有些類似於打雜，正因為技術含量低，因而從事小採購的職員通常地位不高、待遇不佳。

大採購則是超越簡單的拿錢買東西層面，而是為企業管理供應商資源。正如我們前面所述，企業的增值活動有六〇%左右發生在供應商處，供應商是企業價值鏈的重要組成部分，採購則是營運供應鏈的主力，對控制產品成本和品質有著至關重要的作用。因此，採購成為企業內部與設計和行銷平等合作的夥伴，在企業內部居於重要戰略的層面。可以說，採購時省了錢，可以有效放大企業節約成本的效應。

第三，小採購與大採購的導向不同。作為小採購，主要是按照設計和生產的需要，找到合適的供應商，並要求供應商在需要的時間內交貨即可。採購主要是執行設計和生產部門委託的採購任務，至於企業內部的採購需求怎樣產生、是否正確，則與自己無關。大採購則是兼顧需求管理。

據調查，供應商所出的問題，很多時候是採購方內部需求的問題造成的，例如內部需求定義不清楚導致供貨失誤，內部需求倉促導致交貨期延遲等。基於此，採購要藉由增進與企業內部客戶，如設計和生產部門的溝通，更有效的管理需求。這樣，在理順內部需求的同時，也就有效解決供應商層面的很多問題。

總結來說，企業的採購職能正不斷的從小採購過渡到大採購，在工作中即便一時從事小採購的具體工作，也必將從小採購轉變為大採購，這是採購發展的必然趨勢。

最後，祝大家在採購平臺上成就自己的人生大業！

Biz 251

賺錢公司的採購學

產品要想賣得好，先得買得好。
懂採購，獲利比銷售賺更多，下一個高階主管就是你。

作　　者／肖瀟
責任編輯／劉宗德
校對編輯／林杰蓉
美術編輯／邱筑萱
副總編輯／顏惠君
總 編 輯／吳依瑋
發 行 人／徐仲秋
會　　計／林妙燕
版權主任／林螢瑄
版權經理／郝麗珍
行銷企畫／汪家緯
業務助理／馬絮盈、林芝縈
業務經理／林裕安
總 經 理／陳絜吾

國家圖書館出版品預行編目（CIP）資料

賺錢公司的採購學：產品要想賣得好，先得買得好。懂採購，獲利比銷售賺更多，下一個高階主管就是你。肖瀟著 . -- 初版 . -- 臺北市：大是文化，2018.02
352 面；17 X 23 公分 . --（Biz；251）
ISBN 978-957-9164-06-1（平裝）

1. 專業管理實務　2. 採購

494.57　　　106024128

出 版 者／大是文化有限公司
臺北市 100 衡陽路 7 號 8 樓
編輯部電話：（02）23757911
購書相關資訊請洽：（02）23757911 分機 122
24 小時讀者服務傳真：（02）23756999
讀者服務 E-mail：haom@ms28.hinet.net
郵政劃撥帳號／ 19983366　戶名／大是文化有限公司

香港發行／里人文化事業有限公司　"Anyone Cultural Enterprise Ltd"
地址：香港新界荃灣橫龍街 78 號正好工業大廈 22 樓 A 室
22/F Block A, Jing Ho Industrial Building, 78 Wang Lung Street, Tsuen Wan, N.T., H.K.
電話：（852）24192288　傳真：（852）24191887

封面設計／林雯瑛
內頁排版／陳相蓉
印　　刷／緯峰印刷股份有限公司
出版日期／ 2018 年 2 月初版
2018 年 3 月 14 日初版二刷
定　　價／ 399 元（缺頁或裝訂錯誤的書，請寄回更換）
I S B N ／ 978-957-9164-06-1　　Printed in Taiwan

原著：一本書讀懂採購／肖瀟　著
通過北京同舟人和文化發展有限公司（E-mail：tzcopyright@163. com）